中国蜜蜂资源与利用丛书

蜜蜂高效授粉技术

The Efficient Technology of Honeybee Pollination

张旭凤　武文卿　编著

中原农民出版社

·郑州·

图书在版编目（CIP）数据

蜜蜂高效授粉技术 / 张旭凤，武文卿编著 . —郑州：
中原农民出版社，2018.9
（中国蜜蜂资源与利用丛书）
ISBN 978-7-5542-1989-8

Ⅰ . ①蜜… Ⅱ . ①张… ②武… Ⅲ . ①蜜蜂授粉
Ⅳ . ① Q944.43

中国版本图书馆 CIP 数据核字（2018）第 191843 号

蜜蜂高效授粉技术

出 版 人　刘宏伟
总 编 审　汪大凯

策划编辑　朱相师
责任编辑　张云峰
责任校对　张晓冰
装帧设计　薛　莲

出版发行　中原出版传媒集团　中原农民出版社
　　　　　（郑州市经五路66号　邮编：450002）
电　　话　0371-65788655
制　　作　河南海燕彩色制作有限公司
印　　刷　北京汇林印务有限公司
开　　本　710mm×1010mm　1/16
印　　张　14
字　　数　153千字
版　　次　2018年12月第1版
印　　次　2018年12月第1次印刷

书　　号　978-7-5542-1989-8
定　　价　98.00元

前 言
Introduction

爱因斯坦曾经预言："当蜜蜂从地球上消失的时候，人类将最多在地球上存活四年。没有蜜蜂，就没有授粉，没有植物，没有动物，没有人类。"据统计，全球有 1/3 的农作物产量必须依靠蜜蜂授粉，因此，蜜蜂和人类的生活息息相关，蜜蜂授粉在农业生产活动中占有至关重要的地位。同时，全世界 80% 的显花植物依靠昆虫授粉，蜜蜂授粉能够帮助植物顺利繁育，增加种子数量和活力，提高植物果实品质和产量，从而修复植被，改善生态环境。因此，蜜蜂对于保护植物多样性、保持生态系统平衡也具有不可替代的重要作用。

目前，随着我国农业现代化步伐的加速迈进，农业生产已向集约化、规模化、产业化发展，受经济发展和自然环境变化的影响，自然界中野生传粉昆虫数量大幅减少，因此蜜蜂授粉的必要性日益突显。蜜蜂授粉技术简单、安全、经济、高效、绿色无污染，提高作物产量和品质，保证作物果实绿色和安全，让消费者可以放心食用，因此，蜜蜂授粉技术已成为现代农业和设施农业发展中必不可少的组成部分。

本书作者分七个专题分别从蜜蜂授粉的意义、蜜蜂与植物的协同进化、授粉蜂群的组织与管理技术、影响蜜蜂授粉的因素和改进措施、蜜蜂授粉增产技术、农业生产应用的其他授粉昆虫和蜜蜂授粉技术的应用前景，详细介绍了蜜蜂授粉技术的各个方面，对于广大种植农户、养蜂朋友和科研工作者都具有一定的参考和借鉴价值。

本书的编写得到国家现代蜂产业技术体系（CARS-44-KXJ14）和中国农业科学院科技创新工程项目（CAAS-ASTIP-2015-IAR）的大力支持。

本书全面系统地介绍了蜜蜂授粉技术的意义和国内外蜜蜂授粉技术的最新应用研究进展，同时详述了蜜蜂高效授粉技术的具体应用实例，内容详实，方法具体，并对蜜蜂授粉技术的应用前景予以展望。但由于时间紧迫，作者自身知识和水平有限，书中不足和欠妥之处在所难免，恳请读者随时批评指正，以便今后修改，使之更加完善。

编者

2018 年 5 月

目　录
Contents

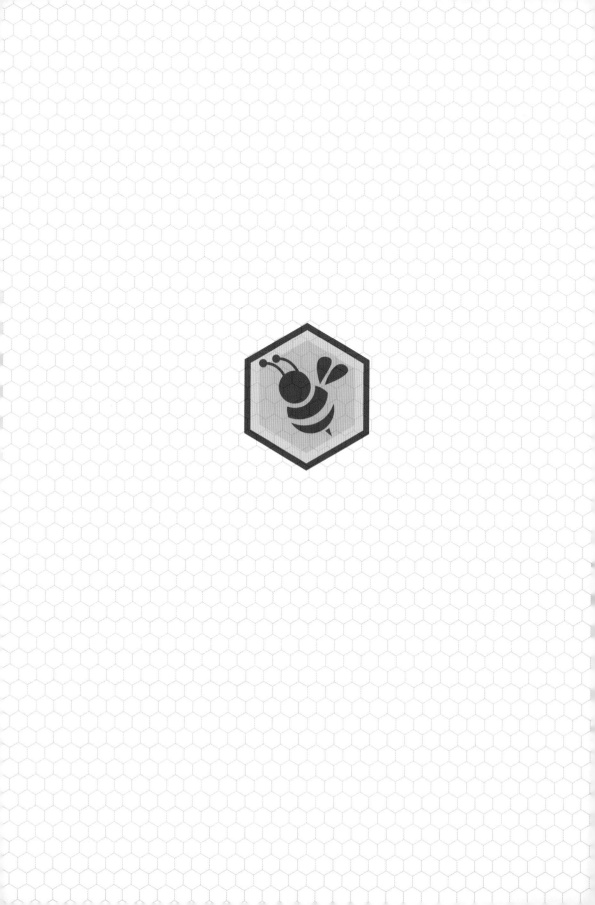

专题一

蜜蜂授粉的意义

蜜蜂是自然界最主要的授粉昆虫，蜜蜂授粉在植物多样性保护及生态系统平衡维护方面发挥着极为重要的作用。同时，在全球农业生态系统中，油料作物、牧草作物、瓜果类、蔬菜类等的产量均主要依赖蜜蜂授粉。因此，蜜蜂授粉在农业生产中的经济价值和社会效益十分显著。没有蜜蜂授粉，大量植物无法繁殖和生存，最终将导致自然界中的食物链断裂，生态系统的平衡受到严重的破坏。

一、蜜蜂授粉的必要性

（一）规模化农业种植模式的发展

随着我国农业现代化步伐的迈进，农业向集约化、规模化、产业化发展已成必然趋势。随着大规模农田的开垦，农作物大面积单一化种植现象普遍发生（图 1–1 至图 1–4），生态环境受到严重破坏，生物多样性受到严重影响，野生授粉昆虫数量锐减。据统计数据显示，2012 年全国西瓜播种面积达 180 万公顷，是 1997 年的 1.7 倍；2012 年全国甜瓜种植面积达 41 万公顷，是 1997 年的 2.6 倍；2013 年全国苹果种植面积达 222.15 万公顷，年增长率为 7%；2012 年全国梨树种植面积达 113.67 万公顷。特别是果树种植面积的迅速增加，造成授粉昆虫数量相对不足，不能满足授粉的需要，已成为制约果业发展的重要因素。授粉昆虫数量不足，不能满足果树产量和质量上的需要。虽然使用人工授粉或者喷施激素的方法可以提高授粉效果，但是从效率和果实安全性上都是无法与昆虫授粉相比的。因此，大力发展蜜蜂授粉技术是从根本上解决授粉昆虫数量不足问题的有效方法。

图 1-1 油菜（张旭凤　摄）

图 1-2 荷花（张旭凤　摄）

图 1-3　梨树（邵有全　摄）

图 1-4　新疆巴旦木种植园（邵有全　摄）

（二）大面积农药的喷施

1962 年，美国海洋生物学家蕾切尔·卡逊出版了《寂静的春天》一书，从广谱性杀虫剂滴滴涕（DDT）的大量使用和推崇，谈到其对环境造成的严重污染而又被禁止，激起了全世界对环境保护、野生动物和昆虫存亡的关注。我国全面进入改革开放时代后，农业种植模式发生了根本性转变，农业种植模式的转变导致了农业机械化和农药的大量使用，见图 1-5。因为杀虫剂、除草剂的广泛使用，且高浓度、大剂量地使用农药造成野生传粉昆虫的栖息环境被破坏，导致自然界野生传粉昆虫数量急剧下降，而严格依赖虫媒授粉的植物必须通过人工引入传粉昆虫，才可以得到自然界传粉昆虫数量的补偿。而蜜蜂作为长期被人驯化饲养的昆虫，利用其为农作物授粉势在必行。

图 1-5　苹果种植喷施农药现场（邵有全　摄）

（三）设施农业的迅猛发展

设施农业是利用人工设施，以可调控的技术手段，为农作物的生长提供良好的环境条件，实现高产、高效的现代农业生产方式。设施农业是我国现代农业发展的重要标志，是推动农业科技与传统农业结合、带动农业转型升级的最直接表现形式。

我国经过30多年的发展和探索，设施农业已在大部分地区得到广泛推广和成熟应用，农民发展设施农业积极性很高。随着我国农业技术的快速发展，设施农业技术逐渐成熟，适合不同地区、不同自然条件的设施技术不断改进，再加上政策的扶持和技术指导，我国设施农业面积迅速扩大，已成为全球设施农业生产大国，面积和产量都位于世界前列。2010年我国设施园艺面积5 440万亩，其中日光温室面积超过570万亩，设施蔬菜5 020万亩；到2012年我国设施园艺面积已达5 796万亩，比2007年增加了2 040多万亩，2007～2012年我国设施园艺面积年均增长9.1%；2012年设施园艺产业净产值达5 800多亿元，其中设施蔬菜瓜类产量2.67亿吨，约占蔬菜瓜类总产量的34%。设施农业的迅速发展，为种植农户带来可观收益的同时，也表现出了它不足的一面：在设施栽培条件下，依赖昆虫授粉的作物，例如草莓（图1-6）、甜椒、桃、番茄和西甜瓜等，由于设施栽培相对独立的封闭环境，必须依靠外在的辅助授粉技术才能实现作物的结实和丰收，采用激素喷施的方法常会造成果实畸形率较高、口感差，也会造成果实被激素污染，而人工授粉增加了劳动力支出的同时，授粉效率也相对较低。

研究表明，蜜蜂授粉（图1-7、图1-8）相较于激素喷施和人工授粉（图

1-9 至图 1-11），不仅可以降低人工授粉的费用，而且可以显著提高作物坐果率和产量。因此，蜜蜂授粉在设施农业生产具有至关重要的作用，现今蜜蜂授粉技术在设施草莓和西甜瓜的种植上已经得到了成功的推广和应用。

图 1-6　草莓种植大棚（张旭凤　摄）

图 1-7　设施西甜瓜蜜蜂授粉（邵有全　摄）

图 1-8　设施甜瓜蜜蜂授粉（邵有全　摄）

图 1-9　设施西瓜种植人工授粉（邵有全　摄）

图 1-10 设施番茄人工振荡器授粉（张旭凤 摄）

图 1-11 梨树人工授粉（张旭凤 摄）

（四）蜜蜂授粉技术的经济性和高效性

蜜蜂授粉省工、省时、效率高、效果好。蔬菜制种和温室栽培黄瓜、番茄以及大田种植果树等，过去常采用人工授粉的方法来提高坐果率和增加产量。但是，近年来劳务工资的提高，致使生产成本大幅度上升，而且，由于人工授粉不均匀，授粉时间不好掌握，费工费力，授粉效率低下，许多地区的农户已改用蜜蜂为作物授粉来增加产量和提高果实品质（图1-12）。无论是追加肥料、增加灌溉，还是改进耕作措施，都不能代替蜜蜂授粉的作用。因此，蜜蜂授粉在现代农业生产中具有不可替代的作用。

图 1-12　蜜蜂为梨树授粉（邵有全　摄）

二、蜜蜂授粉的可行性

（一）蜜蜂具有与授粉相适应的特殊形态构造

1. 携粉足

蜜蜂成蜂具有 3 对足，为前、中、后足，分别着生于前、中、后胸腹板的两侧。蜂王和雄蜂的足仅是运动器官，而蜜蜂工蜂的足不仅仅是单纯的运动器官，后足具有采集花粉的构造，因此后足又称为携粉足。

2. 花粉筐

后足胫节呈三角形。在胫节端部有一列刚毛，为花粉耙。在基跗节的扁平内侧，长有 9 ~ 10 排的刚毛，称为花粉栉，用于梳集花粉。胫节外侧表面光滑而略凹，边缘着生弯曲的长刚毛，形成 1 个可以携带花粉团的装置，为花粉筐。花粉筐中着生有 1 根长刚毛，利于稳固花粉团。花粉筐不仅可以用来运送花粉，也可以采集植物或树干上的树脂，用以加固蜂巢。

3. 蜜囊

蜂王和雄蜂的蜜囊均不发达，蜜蜂工蜂的蜜囊是用来储存采集的花蜜等液体的嗉囊，位于前肠中食管与前胃之间，有较大的伸缩性，且蜜蜂囊内有稀疏的短绒毛。工蜂外出采集时可将采集到花蜜储存在蜜囊中携带回巢，并储存到巢房中。并且通过蜜囊的收缩，蜜汁可以返回口腔。据研究报道，意大利蜜蜂工蜂的蜜囊平时容积为 14 ~ 18 微升，储满花蜜后，可扩大至 60 微升；中华蜜蜂工蜂蜜囊的容积可扩大至 40 微升。

在长期的协同进化过程中，植物在开花习性、颜色、气味、泌蜜上与蜜蜂形成了非常默契的协同，而蜜蜂虫体的特殊结构，如携粉足、花粉筐和蜜囊，都为植物实现成功授粉和繁殖提供了必要的条件。

（二）蜜蜂采集活动的专一性

大约 2 000 年前，亚里士多德就观察到意大利蜜蜂工蜂在出巢的单次采集活动中仅采集同一种花朵的现象，这种现象就是蜜蜂采集的专一性。随后，1876 年达尔文在他出版的著作中也提到发现了蜜蜂的采集专一性。同时，蜂群发达的信息交流系统使得访花具有更强的专一性，采集蜂会将出巢采集获得的蜜源信息以舞蹈的形式传递给蜂群内的其他个体。蜜蜂是重要的植物花粉的搬运工，花粉必须被运输到另一朵同种植物的花上才能够受精成功，并繁育出果实和种子。世界上存在的植物多种多样，千差万别，只有蜜蜂的采集专一性这种特性才可以确保各种虫媒植物成功实现受精和繁殖，也防止发生同种植物上花粉的损失以及异种植物花粉与植物柱头的不亲和现象。与此同时，研究发现，在某一段时间内，一群蜜蜂的绝大多数个体会采集同一种植物的花朵，所以蜜蜂授粉更加准确和高效。西方蜜蜂喜欢在 10 ~ 20 米 ^{2} 的小范围内采集，并且会在较长时间内集中地采集一种特定的植物，这种专一性保证了蜜蜂为同一植物授粉的效果。

（三）蜜蜂的可移动性与可训练性

蜜蜂属于群居性社会昆虫，可人工大量饲养，群体越大生命力越强，生产力也越强，在繁殖高峰期，一群蜂可达 5 万 ~ 6 万只个体，一只蜜蜂一次出巢可采 50 ~ 100 朵花，每天出巢 6 ~ 8 次，据估算一群蜂可采集 5 万 ~ 5.4 万蜂次。通常蜜蜂清晨出巢进行采集活动，傍晚便会归巢休息，蜜蜂这种日出而作、日落而息的生物学特性，为蜂群的转移提供了可能性。因此，当需要转移蜂群为另一种植物进行授粉时，可以在傍晚等到蜜蜂都归巢后将蜂群的巢门关闭，并将蜂箱装载到放蜂车（图 1-13）上，夜间转运到需要蜜蜂授粉的场地，即可为不同地域、不同花期的植物进行授粉，蜜蜂的可移动性是其他授粉昆虫所不具备的。

图 1-13　移动放蜂车（邵有全　摄）

当有侦察工蜂出巢采集到花粉和花蜜回巢后，它会以舞蹈的形式"告诉"同一群内其他的同伴使它们能够准确无误地在很短的时间内来到食物地进行采集。因此，利用这一特性，可以在为某种植物授粉前，人为地饲喂带有该种植物花朵花香的糖浆，对蜂群进行诱导训练，使蜜蜂先熟悉该种植物的气味，待进入授粉场地后，可以迅速地识别授粉植物，提高授粉的效率。也可以通过使用在授粉植物上喷洒生物活性物质——蜂为媒（图1-14）、悬挂含有花香引诱剂和工蜂信息素的蜜蜂活动增强剂（图1-15）来诱导蜜蜂，提高蜜蜂访花的频率和数量，从而达到提高作物的授粉效率和坐果率的效果。

图1-14 梨树花期花朵喷洒蜂为媒　　　　图1-15 梨树花期悬挂蜜蜂活动增强剂
　　　（张旭凤　摄）　　　　　　　　　　　（张旭凤　摄）

（四）蜜蜂选择植物的最佳授粉时间和有效花朵

一般植物初花期的一段时间内柱头的活力最强。蜜蜂授粉之所以比人工授粉或者自然授粉效果好，原因如下：其一，蜜蜂与植物长期的协同进化，使得蜜蜂对植物成熟花粉的识别能力远强于人；其二，蜜蜂可以持续地在田间从事飞行采集活动，经常从花朵的柱头上擦过，因而蜜蜂更容易在花朵柱头活力最强的时候将花粉传播到上面，使花粉在柱头上萌发，形成花粉管实现成功受精，而人工授粉每天只能进行一次，因为速度慢，也会因为上午开的花，拖到下午或者第二天上午授粉，因此而错过花朵柱头活力最好的时间，这样势必会造成受精效果不佳，从而影响到果品的产量和质量。

此外，蜜蜂授粉后能使植物提早受精，受精后植物产生一系列受精生理反应。当受精后合子生成，合子中生长激素的合成速度加快，数量增多，刺激营养物质向子房运输，促进果实和种子发育。研究表明，通过使用放射性同位素 ^{32}P 和 ^{14}C 示踪观察表明，蜜蜂授粉后植物向幼果输送营养物质增强，避免了因营养不良而使果柄处产生离层，导致营养障碍而大量落果，这也是提高坐果率和结实率从而增产的又一个原因。

蜜蜂授粉是有选择性的，并不是每朵花都会采集，而是采集那些健壮鲜艳的花朵，充分利用了植物的有效花。报道显示，梨树花期多为每年春季的 3 ~ 4 月，该期间气温不稳定，花期梨树花朵极易遭遇低温雨雪天气的伤害，而果农普遍认为蜜蜂在低温情况下不能够为梨树授粉，实际上，在梨树花期遭遇雨雪冰冻恶劣天气后，人工授粉根本无法判断花朵受害的程度以及花器官是否还可以正常繁殖。而将蜜蜂引入受冻害的梨树果园后，蜜蜂根据自身需要有选择性地对有花蜜和花粉的花朵进行采集，梨园花朵受冻后，雌蕊柱头有授粉活力的花相对减少（图1-16），由于蜜蜂能使这些有效花充分受精，使未受冻的花坐果率提高到100%，与其他果园形成鲜明对比，坐果率明显提高，并且结实比较均匀，提高了品质，显著挽救了遭受冻害梨园的部分损失。

图1-16　梨树花期遭受低温冻害后花朵受害状（邵有全　摄）

三、蜜蜂授粉的优越性

（一）蜜蜂授粉提高农作物的产量和品质

蜜蜂是农业增产的重要传媒，世界上与人类食物密切相关的作物有1/3以上属虫媒植物，需要进行授粉才能繁殖和发展。蜜蜂分布广泛（自赤道至南北极圈都有），且全身密布绒毛便于黏附花粉，后足进化出专门携带花粉的花粉筐；加上蜜蜂具有群居习性和食物囤积行为，可以随时迁移到任何一个需要授粉的地方，因此蜜蜂成为人类能够控制的为农作物进行授粉的理想授粉者。

国内外大量科学研究及农业生产实践证明，蜜蜂授粉可使农作物的产量得到不同程度的提高。更为重要的是，蜜蜂授粉可以改善果实和种子品质、提高后代的生活力，因而成为世界各地农业增产的有力措施。蜜蜂授粉，相较于人工授粉 1 个工人 1 天 70 ～ 80 元的工费要省得多，蜜蜂授粉率能达到 100%，利用蜜蜂为果树和作物授粉，不仅减轻人工授粉的劳动强度，还节省了大量的人力、物力， 而且花朵坐果率高，果实产量高、品质好。蜜蜂授粉技术促进农作物增产的价值，要远远比蜜蜂产品本身的价值高得多。在欧洲蜜蜂为农作物授粉的年增产价值为 142 亿欧元；苏联利用蜜蜂为农作物授粉，年增加收入 20 亿卢布，由于蜜蜂授粉而增加的产值是养蜂业自身产值的 143 倍。我国疆域辽阔，地形复杂，农业集约化和机械化程度相对较低，因而养蜂业为农业增产增收的潜力广阔。

（二）蜜蜂授粉促进生态系统平衡

生态平衡是指在某一特定条件下，能适应环境的生物群体，相互制约，使生物群体之间，以及生态环境之间维持着某种恒定状态，也就是生态系统内部的各个环节彼此保持一定的平衡关系。植物群落成为昆虫群落生存的一个重要条件，如显花植物与传粉昆虫的协同进化，传粉昆虫以花的色、香、味作为食物的信号趋近取食或采集花蜜和花粉，在取食或采集花蜜、花粉的过程中，也完成传粉过程，让植物不断繁育发展。在众多的传粉昆虫中，蜜蜂以其形态结构特殊、分布广泛、可训练等特点，成为人类与植物群落相联系，且容易控制的、理想的昆虫，在人类保护生态平衡中显示出越来越重要的作用。

养蜂业是生态农业必不可少的内容。在农业生产中，无论是增加肥料，还是改善耕作条件，都不能替代蜜蜂授粉的作用。蜜蜂授粉对提高农作物的产量和质量，是一项不扩大耕地面积、不增加生产投资的有效措施，是解决人口增长与食物供应矛盾的一项重要途径，也是提高人们生活质量的最佳方法。蜜蜂授粉在提高作物产量和质量上，特别是在绿色食品和有机食品的开发生产中具有不可替代的作用。

在现代农业发展中，由于环境因素、生物进化因素等的改变，利用蜜蜂进行授粉，已成为一项提高经济效益、生态效益和社会效益的独特产业。目前，我国还有不少地区没有把生态经济与养蜂业联系起来，没有认识到蜜蜂与作物生产的内在联系，以及两者相互促进和实现双赢的效果，更没有看到蜜蜂在生物群落、生态平衡中的巨大作用。

（三）增加劳动就业，帮助农民脱贫致富

蜜蜂授粉不仅可以为农业发展带来巨大收益，还是一个很好的创收产业，发展养蜂业是增加农民收入的有效途径。发展养蜂业不与种植业争地、争肥、争水；不与畜牧业争饲料、争栏舍、又不污染环境，不受城乡限制、不受地区影响，农民只需少量资金的投入，当年就可获得经济效益；也不与养殖业争饲料，具有投资小、见效快、用工省、无污染、回报率高的特点，养蜂生产带给农民的收益除销售蜂产品而获得的直接经济效益外，还可以通过租赁蜂群进行授粉获得收益，因而养蜂生产成为农民增收的重要手段。

养蜂业已成为农村名副其实的重要副业。

根据目前市场行情，养一箱意大利蜜蜂的纯收入相当于当前农民出售一头肥猪的全部收入；一个农户饲养 100 箱蜜蜂，每年收入在 4 万～5 万元，除去蜜蜂饲养费用和人工费用外，纯利润也可达 3 万元左右，如果遇到丰产年份，纯收入则可达 5 万元以上。养蜂业是当前农业养殖业生产中易管理、投资小、见效快、好上手的特色产业。目前国内养蜂仍主要以生产蜂产品为主要目的，在正常年份下，养蜂投入与蜂产品产出比约为 1∶5。实际上，近年来，随着国内授粉产业的发展和政府部门的重视，国内养蜂农户将饲养的蜂群，以租赁形式租用给种植农户为大田或设施作物授粉，也逐渐成为养蜂农户的一项重要收入。以调查的设施草莓授粉租蜂情况为例，养蜂农户有蜂群共 300 群，种植面积为 600～1 200 米^2 的大棚，一般需租 1 箱蜂（5 脾蜂），一脾蜂租金为 60～80 元，一箱蜂租金为 300～400 元，蜂群入棚时间为当年 11 月，翌年 3 月搬出，蜂群饲料费用棚主另付，蜂农出租 200 群，养蜂农户冬季蜂群租赁费用达 6 万～8 万元，收益可观。

四、国内外蜜蜂授粉应用概况

随着科学技术的深入发展和农业产业化发展的需求，蜜蜂授粉技术已经广泛应用于生产实践中，并且能够显著提高农业产量。蜜蜂授粉产业是现代化农业重要组成部分，是一种低碳、环保的绿色经济。推广农作物蜜蜂授粉技术不仅能够提高农作物产量、改善农产品品质和增加农民收入，而且对维护生态系统的平衡也具有十分重要的作用。它是转变养蜂生产方式，促进蜂业转型升级的一项长期任务。

国际上把蜜蜂授粉作为现代农业养蜂业发展的重要标志。目前世界养蜂业发达国家普遍以养蜂授粉为主、取蜜为辅。欧美国家对家养蜜蜂传粉的研究和技术推广工作极为重视，较早地便开始了对蜜蜂授粉技术的研究与利用工作，并且还专门成立了蜜蜂授粉服务机构，建立了一整套措施，将蜜蜂授粉广泛应用于谷物、水果、牧草、花卉等各种作物。由于蜜蜂对农作物的授粉贡献巨大，蜜蜂已成为欧洲第三大最有价值的家养动物（图1-17）。

图 1-17　蜜蜂——欧洲第三大最有价值的家养动物（引自 Taus 2008）

例如，美国十分注重蜜蜂授粉技术的应用和推广，美国养蜂业发达，支撑整个行业最重要的因素就是现代农业旺盛的授粉需求，蜂农的收入90%依靠出租蜜蜂授粉获得，而蜂产品的收入仅占10%。美国大部分作物对蜜蜂授粉的依赖程度很大（图1-18），其中，杏100%依赖蜜蜂授粉，而苹果、洋葱、花菜、胡萝卜和向日葵等依赖蜜蜂授粉的程度也均在90%以上，其他的水果、坚果、蔬菜类也对蜜蜂授粉有一定程度上的依赖性。

据统计，美国现有蜂群数量约为240万群，其中约200万群蜜蜂是用来出租授粉的；一个花期每箱蜜蜂可收取租金近100美元，而转地蜂场每年平均可出租蜂群达四五个花期。一年下来，收益也十分丰厚。并且在美国拥有几千群蜂的蜂场不足为奇，上万甚至几万群蜜蜂的蜂场比比皆是。所以，不少蜂场的年收益可达100万美元以上。据估算统计，美国蜜蜂对主要农作物授粉的年增产值可达150亿美元。

图1-18　巴旦木花期蜜蜂授粉（邵有全　摄）

全球不同地区蜜蜂等昆虫授粉在农业生产中的贡献以及不同农作物蜜蜂等昆虫授粉的贡献分别见表1-1、表1-2。

表1-1　全球不同地区蜜蜂等昆虫授粉在农业生产中的贡献

地区	地理分布	农产品总产值（×10^9欧元）	授粉产生的价值（×10^9欧元）	授粉的贡献（%）
非洲	中非	10.1	0.7	7

地区	地理分布	农产品总产值 （×10⁹ 欧元）	授粉产生的价值 （×10⁹ 欧元）	授粉的贡献 （%）
	东非	19.6	0.9	5
	北非	39.7	4.2	11
	南非	19.2	1.1	6
	西非	48.9	5.0	10
	中亚	11.8	1.7	14
	东亚	418.4	51.5	12
亚洲	中东亚	63.5	9.3	15
	南亚	219.4	14.0	6
	东南亚	167.9	11.6	7
欧洲	欧盟(25国)	148.9	14.2	10
	非欧盟	67.8	7.8	12
北美洲	百慕大、加拿大、美国	125.7	14.4	11
南美洲和 中美洲	中美洲和加勒比	51.1	3.5	7
	南美洲	187.7	11.6	6

注：引自安建东，陈文锋（2011）"全球农作物蜜蜂授粉概况"。

表1-2 不同农作物蜜蜂等昆虫授粉的贡献

作物分类	平均价格(欧元/ 1 000 千克)	农产品总产值 （×10⁹ 欧元）	授粉产生的价值 （×10⁹ 欧元）	授粉的贡献 （%）
刺激类作物	1 225	19	7.0	36.8
坚果类	1 269	13	4.2	31.0

作物分类	平均价格(欧元 / 1 000 千克)	农产品总产值 (×10⁹ 欧元)	授粉产生的价值 (×10⁹ 欧元)	授粉的贡献 （％）
水果类	452	219	50.6	23.1
油料类	385	240	39.0	16.3
蔬菜类	468	418	50.9	12.2
豆类	515	24	1.0	4.3
香料类	1 003	7	0.2	2.7
谷类	139	312	0.0	0.0
糖料类	177	268	0.0	0.0
薯类	137	98	0.0	0.0

注：引自安建东、陈文锋（2011）"全球农作物蜜蜂授粉概况"。

　　其他农业发达的国家也十分重视蜜蜂授粉，普遍推行授粉技术。在德国，全国仅果树授粉一项，每年就会投入 30 万群蜜蜂授粉。在意大利，租用蜜蜂授粉也十分普遍，果农租用蜜蜂为果树授粉，一个花期每箱蜜蜂可获得 2 500 ~ 3 000 里拉报酬。在日本，每年出租用于果树、瓜类和温室草莓授粉的蜂群总数达 11.4 万群，约占其全国蜂群总数（44 万群）的 26％。

　　发展中国家也同样重视蜜蜂授粉在农业生产活动中的应用。罗马尼亚、保加利亚为保障蜜蜂为作物授粉，专门规定凡是需要授粉的作物，都保证要有足够的蜂群授粉，并规定在蜜源利用上实行全国统一分配，每当授粉季节，主管部门动员养蜂者提供所有饲养蜂群为农作物授粉，有计划地进行转地饲养，运输由农业管理部门免费提供。印度全国人工饲养印度蜂约

200万群，蜂产品年产值约为2 000万卢比，而养蜂为农作物授粉及树木制种方面，收益超过2亿卢比。我国是中华蜜蜂（以下简称中蜂）的发源地，从事养蜂事业历史悠久，源远流长，同时，我国饲养的西方蜜蜂大部分是意大利蜜蜂（以下简称意蜂）。此外，还有一部分其他蜂种，如喀尔巴阡蜂、卡尼鄂拉蜂、高加索蜂、东北黑蜂、新疆黑蜂等。我国养蜂以定地饲养和转地饲养的方式结合，且养蜂者的收入主要来源于蜂产品。与此同时，蜜蜂授粉的工作也尚处于起步和发展阶段，中国部分地区在蔬菜制种、设施草莓种植、设施桃种植、设施西甜瓜种植的农户已经把蜜蜂授粉技术作为常规种植措施广泛应用。同时，授粉蜂种的推广也逐渐形成商品化和专业化，也建立了养蜂合作社，形成了蜜蜂授粉配套服务体系。

专题二
蜜蜂与植物的协同进化概述

协同进化是指一个物种行为受到另一个物种行为影响而产生的两个物种在进化过程中发生的变化。在长期进化过程中，植物和传粉昆虫之间形成了互惠互利关系。一方面，植物因为昆虫的活动而完成了授粉和受精作用，物种得以繁衍和进化；另一方面，对昆虫来讲，植物的花或其他器官所分泌的花蜜、散出的花粉成为其赖以生存的食物来源，蜜蜂则进化为专食花粉和花蜜的昆虫。

一、蜜蜂的特殊结构特征

（一）蜜蜂的家庭成员组成

蜜蜂是社会化程度极高的一类昆虫，分为蜂王、雄蜂和工蜂，合称为三型蜂（图 2-1）。在每一个蜜蜂群体中，一般情况下有 1 只蜂王、数万只工蜂，以及在繁殖季节出现的数千只雄蜂，蜂群里的蜂王、工蜂和雄蜂个体，并非是简单的组合，而是一个高效、有条不紊的整体。

雄蜂　　　　　　　　　　　　蜂王

工蜂

图 2-1　蜜蜂蜂群的三型蜂（李建科　摄）

1. 蜂王

蜂王是蜂群内生殖器官发育完全的雌性蜜蜂，由受精卵发育而成，蜂王在胚胎发育阶段，即从 1 日龄幼虫至化蛹之前，工蜂一直给其饲喂蜂王浆。处女王经婚飞交配后回到蜂群内，其专职任务就是负责产卵。蜂王体重一般是工蜂体重的 2 ~ 3 倍。蜂王在产卵期间，工蜂给蜂王饲喂的都是蜂王浆，使蜂王保持快速的繁殖和代谢能力。一只蜂王的寿命可达 3 ~ 5 年，但产卵 1 年后的蜂王，产卵能力明显有所下降。因此，在养蜂过程中，蜂农为了维持强群，一般每年都更换蜂王。

2. 工蜂

工蜂也由受精卵发育而成，但其是生殖器官发育不完全的雌性，并不具备产正常受精卵的能力，仅当蜂群中失王时间过久，而又没有新的蜂王羽化出房，工蜂才会产卵，而只能产下未受精的卵，最终发育为雄蜂。为了承担巢房内外的各项工作，工蜂的身体结构也发生了诸多特化。如全身布满绒毛，后足特化出花粉筐，以及前肠中的嗉囊特化为蜜囊以方便储存飞行过程中采集到的花蜜，并且工蜂在蜂群内随着日龄的变化，具有明显不同的劳动分工，分别会承担清理巢房、哺育幼虫、造脾、采蜜粉和水以及守卫巢门等工作。

3. 雄蜂

雄蜂是由未受精的卵发育而成的蜜蜂，是蜂群内唯一的雄性。雄蜂体型明显较工蜂大，雄蜂巢房也明显较工蜂的大。雄蜂不能自己取食，需要工蜂饲喂，在蜜粉充足的季节，雄蜂的寿命可达 3 ~ 4 个月。交配季节过后，工蜂便会将雄蜂驱赶出巢房。

（二）工蜂虫体特化的结构

1. 虫体表面

工蜂虫体表面密被绒毛（图 2-2），显著增加了工蜂采集花粉过程中与花粉接触的面积和概率，大大提高了采集效率。

图 2-2　蜜蜂体表特征（邵有全　摄）

2. 携粉的特殊结构"携粉足"

工蜂的后足具有采集花粉的"花粉刷"和"花粉筐"，同时，工蜂体表密被绒毛，也显著提高了工蜂采集花粉的效率，见图 2-3。

图 2-3　工蜂后足花粉筐装满花粉（邵有全　摄）

3. 储存花蜜的特殊结构——蜜囊

工蜂的蜜囊是由前肠的嗉囊特化而来，蜜囊具有较大的伸缩性，且其内部表面有稀疏的短绒毛，工蜂外出采集到的花蜜就暂时储存在此。

（三）特殊的定位系统

容纳蜜蜂蜂箱的摆放位置在一个作物授粉的花期内暂时是固定的，蜜蜂自羽化后成为采集蜂之前，会相继在蜂箱内从事清洁、哺育、守卫的劳动工作，成为采集蜂后，为了保障蜂群的正常食物供给，采集蜂必须飞出巢门从事采集活动，同时采集结束后还必须要找到返回蜂巢的路，途中发现蜜粉丰富的采集地时，回巢告诉蜂群的其他同伴采集的具体位置。

在巢外，蜜蜂通过使用陆地和天空的线索来帮助自己定位，借助沿途的一个个路标进行导航，蜜蜂外出采集的定位示意图见图2-4。为此，它们会使用地形中的树林、灌木和其他显著的特点，这其中视觉和嗅觉是极为重要的。这个定向的方法要依靠蜜蜂作为新采集蜂时在蜂巢附近定位飞翔时熟悉的路线。这些定向飞行的过程一开始只能持续几分钟，蜜蜂每次离开蜂巢后向不同的方向飞去，这样它们就根据周围的情况画出了一幅蜂巢位置的地图。

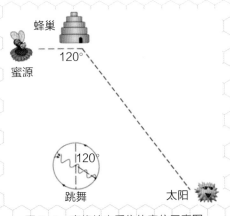

图2-4　蜜蜂外出采集的定位示意图

为了能帮助年轻的采集蜂正确找到回家的路，年老的蜜蜂会站在蜂箱的巢门口，打开腹部后面的纳氏腺体，释放一种名为香叶醇的化学物质，闻起来像天竺葵的味道，通过振翅扇风行为，蜜蜂把这种物质散播开来。

太阳为蜜蜂提供了一个天空中的路标

采集蜂可以通过太阳的位置来为自己定位。如果看不到太阳，遇到阴天，采集蜂则可以使用太阳光穿过地球大气时产生的偏振光来定位。太阳的非偏振光穿过地球大气时就产生了偏振光，蜜蜂的视觉系统具备区分偏振光和非偏振光，然而温度和湿度的改变会使空气的密度发生变化，并改变光线的偏振模式。因此只有可靠而且不受环境影响的定向辅助设备才有用，恰好天空中短波长光的偏振模式更稳定些，这样就更适合于用做定向依据。采集蜂对紫外线敏感，使得它们可以利用天空中较为稳定的偏振模式，这也是自然选择的明显的进化优势。与此同时，蜜蜂这种天生的定向本领已被花朵所熟知，很多花朵的花瓣都可以反射紫外线。这为采集蜂提供了视觉上的有利帮助，也为蜜蜂能将许多种花区分开来提供了可能性。

二、显花植物的结构特征

早期的显花植物是一个广义的概念，是裸子植物和被子植物的总称，但实际上裸子植物的孢子叶球严格地说还不能看作是真正意义上的花。因此，现在多采用狭义的概念，即显花植物都仅指被子植物，并不包括裸子植物。被子植物是植物界进化等级最高、种类最多、分布最广以及适应性最强的类群。

有资料表明，被子植物中80%为虫媒植物，另外有19%的被子植物，原本也是虫媒植物，但由于环境因素的影响，例如寒冷、沙漠或者暴热气候，昆虫数量极少，因而为了生存才转变为风媒植物。

地球上的被子植物约有30万种，能有如此众多的种类，是和花的结构复杂化、完善化分不开的，特别是繁殖器官的结构和生殖过程的特点，提供了花适应各种环境的内在条件。被子植物花的变化巨大，它们的形态、大小、颜色和组成数目因种而异、各不相同。根据其结构组成，可将被子植物的花分为完全花和不完全花两类。完全花通常由花柄（花梗）、花萼、花冠、雄蕊（群）和雌蕊（群）等几个部分组成，如桃花、蚕豆花等；不完全花是指缺少其完全花组成的一部分或几部分的花，如南瓜花、玉米花等。花的一般结构见图2-5。

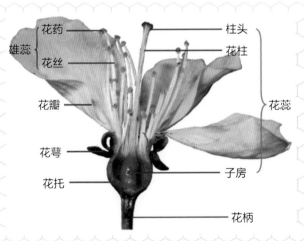

图2-5 花的一般结构

花是适应生殖、极度缩短且不分枝的变态枝。花柄是枝条的一部分，花托通常是花柄顶端呈不同方式膨大的部分，是花器官其他组分（如花萼、花冠、雄蕊群和雌蕊群）着生的地方。花萼常为绿色，像很小的叶片。花冠虽有各种颜色和多种形态，但其形态和结构均类似于叶，有的甚至就呈绿色（如绿牡丹）。雄蕊是适应生殖的变态叶，虽然雄蕊与叶的差异较大，但在较早的被子植物（如睡莲）的外轮雄蕊和内轮花瓣间存在过渡形态，此外，有的植物（如梅、桃等）经过培育，雄蕊可以形成花瓣。雌蕊也是由叶变态而成的心皮卷合而成的，如蚕豆、梧桐等。因此，通常称花萼、花冠为不育的变态叶，雄蕊、雌蕊为可育的变态叶。

三、蜜蜂与植物的协同进化

全世界 80% 的显花植物靠昆虫授粉，而其中 85% 靠蜜蜂授粉，90% 的果树靠蜜蜂授粉。如果没有蜜蜂的传粉，约有 40 000 种植物会繁育困难、濒临灭绝。蜜蜂和花之间的协同进化使它们之间形成了一种互惠互利、共同发展的关系。

（一）植物对蜜蜂的适应

植物和蜜蜂协同进化的历史很悠久，大约有 100 万年。在这漫长的协同进化的过程中，虫媒花植物为了使蜜蜂为之传粉，形成了一系列的适应蜜蜂传粉的特征。

1. 花的气味适应

虫媒花的植物常具有特殊的气味，可以吸引蜜蜂等昆虫的访问。不同植物散发的气味不同，所以，访花昆虫中有喜欢芳香的，也有喜欢臭味的。

对蜜蜂而言，花的香味相较于颜色具有更大的吸引力，其中，含类安息香油芳香化合物的花对蜜蜂吸引力最大，其次是含柠檬油、香橼油等化合物的花对蜜蜂具有较强吸引力。

2. 花的颜色适应

虫媒花植物常具有鲜艳的色彩，通常以白、红、黄、蓝色为主，曾有人统计，在 4 197 种植物花色中，白色有 1 193 种，黄色有 915 种，红色有 923 种，蓝色有 594 种，其他颜色的花比例较少，这也是蜜蜂等自然界昆虫长期自然选择而产生的进化结果。一般昼间开放的花多为黄、蓝、紫、白（能反射紫外线）等颜色，这些颜色正处在蜜蜂的视觉范围之内，其中，黄色和蓝色花容易被蜜蜂识别，红色花最能吸引蝴蝶；晚上开的花多为纯白色，只被在夜间活动的蛾类识别。

3. 花蜜适应

虫媒花植物常可以分泌花蜜。蜜腺可以分布在花朵的各个部分，或发展成特殊的器官。花蜜经分泌后积聚在蜜腺周围。花蜜深藏于花冠之内的，常吸引长吻的蝶类和蛾类；花蜜暴露于外的，往往有利于蜜蜂、甲虫、蝇和短吻的蛾趋集。蜜蜂等昆虫取蜜时，花粉粒黏在虫体上而被传播开。

4. 花粉的适应

虫媒花植物的花粉粒一般比风媒花的大且有较好的黏性；花粉外壁粗糙，多有刺突；花药裂开时不容易被风吹散，而是黏在花药上，这使蜜蜂等昆虫在访问花朵采蜜时容易触到并将花粉附着于身体表面。雌蕊的柱头也会分泌黏液，花粉一经接触雌蕊，会被雌蕊柱头牢牢黏住，以便花粉在柱头内成功萌发并长出花粉管。虫媒花粉量远较风媒的少，花粉粒所含的蛋白质、糖类等营养物质比风媒花植物的丰富，是蜜蜂等授粉昆虫的理想食物来源。

5. 花的结构适应

虫媒花在结构上也常和传粉的蜜蜂等昆虫间形成互为适应的关系。昆虫的大小、体形、结构和采集行为，与花的大小、结构和蜜腺的位置等都是密切相关的。

6. 开花习性的适应

蜜蜂属于变温动物，温度对蜜蜂的新陈代谢和采集活动影响很大。在较低的温度时，蜜蜂必须消耗较多的能量、采集较多花蜜来维持一定的体温。因此在较低的温度下，需要授粉的开花植物流蜜必须比在较高的温度下提供更多的热量才能满足授粉昆虫的体能需要，或者植物的开花时间较为集中，或者植物开的花集中在一起，减少昆虫在花间飞行消耗的能量。只有这样才能来补充蜜蜂在低温条件下所消耗的能量物质。例如在早春旱季，植物多呈大丛开花或许多植物同时开花，方便访花昆虫采集和授粉；愈靠近北方的地区，植物开花越集中且流蜜量大。这些表现都是植物在协同进化过程中对授粉昆虫的适应。

总之，经过长期的自然选择和进化，植物花朵能散发出芳香的气味来吸引蜜蜂等传粉昆虫，还产生了鲜艳的花色，给蜜蜂等昆虫提供醒目的标志，最主要的是花瓣或花蕊的基部能分泌出香甜而又营养丰富的花蜜以吸引访花昆虫的采集。植物花朵的进化趋势，是有利于吸引蜜蜂等传粉昆虫对植物的访问，从而实现成功授粉和繁殖。

（二）蜜蜂对植物的适应

蜜蜂对植物的适应是蜜蜂与植物协同进化的表现。蜜蜂作为最理想的授粉者，在长期与植物协同进化的过程中，形成了专以植物的花蜜和花粉为食物的特殊生活习性和与之相适应的结构。

1. 蜜蜂个体结构对植物的适应

（1）携粉足　蜜蜂成蜂具有3对足，为前、中、后足，分别着生于前、中、后胸腹板的两侧。蜂王和雄蜂的足仅是运动器官，而蜜蜂工蜂的足不仅仅是单纯的运动器官，后足还具有采集花粉的构造，因此后足又称为携粉足（图2-6）。

图2-6　蜜蜂携粉足示意图

（2）花粉筐　后足胫节呈三角形。在胫节端部有一列刚毛，为花粉耙。在基跗节的扁平内侧，长有9～10排的刚毛，称为花粉栉，用于梳集花粉。胫节外侧表面光滑而略凹，边缘着生弯曲的长刚毛，形成1个可以携带花粉团的装置，为花粉筐（图2-7）。花粉筐中着生有1根长刚毛，利于稳固花粉团。花粉筐不仅可以用来运送花粉，也可以运送蜂胶，用以加固蜂巢。

图 2-7　蜜蜂后足花粉筐（李建科　摄）

（3）蜜囊　蜂王和雄蜂的蜜囊不发达，工蜂的蜜囊是用来储存采集的花蜜等液体的嗉囊，位于前肠中食管与前胃之间，膨大具有弹性较大的薄壁囊，且囊内有稀疏的短绒毛（图2-8）。

图 2-8　工蜂蜜囊示意图

同时，蜜蜂全身布满了绒毛（图2-9），有利于蜜蜂收集花粉和为植物授粉。蜜蜂的口器属于具有长吻的嚼吸式口器，并具有发达的上颚，这种口器结构有利于吸取植物花管内的花蜜。在蜜蜂的感官世界中，其辨色能力也是与其生活环境相适应的，试验证明，蜜蜂不能辨别鲜红色与黑色、深灰色，因此鲜红色对蜜蜂来说，并不能算做是醒目的颜色，而蜜蜂能明显辨识的颜色是黄色和蓝色。

图 2-9　蜜蜂身体上密被绒毛（李建科　摄）

2. 特殊生活习性对植物的适应

（1）采集花蜜、花粉的本能　蜜蜂采集花蜜和花粉时（图 2-10、图 2-11），每次访花的数目、经历的时间、每天出勤次数以及平均采集重量，取决于花的种类、温度、风速、湿度以及巢内条件等因素。据观察，每一次采粉，需要访问梨花 84 朵或蒲公英 100 朵，时间为 6 ~ 10 分，采粉重量为 12 ~ 29 毫克；每天一般采粉 6 ~ 8 次，最多达 47 次，平均 10 次。

图 2-10　蜜蜂采集花蜜（李建科　摄）

图 2-11　蜜蜂采集花粉（张旭凤　摄）

（2）飞行能力　工蜂有较强的飞行能力（图 2-12），在晴朗无风的

条件下，载重飞行的速度为 20 ~ 24 千米/时，最高飞行速度可达 40 千米/时。

图 2-12　蜜蜂空中飞行（李建科　摄）

（3）活动范围　通常蜜蜂的采集活动，大约在离巢 2.5 千米的范围内。以半径 2 千米计算，其利用面积在 12 千米^{2}以上。如果附近蜜蜂稀少，强群采集的半径范围会扩展到 3 ～ 4 千米。

（4）信息获得能力　蜜蜂可以分泌多种外激素，借助空气或接触向同种其他个体传递信息，如蜜蜂在访问过的花朵上留下特殊的气味，并可以保持一段时间，用以告知其他蜜蜂该朵花近期已经被访问过，以此来提高采集效率；同时，蜜蜂能利用特殊的舞蹈语言在蜂群中表达和传递信息，发现蜜粉源的工蜂回巢后，会以不同形式的舞蹈把信息传递给其他工蜂，以表达所发现蜜粉源的质、量以及位置等信息，见图 2-13。蜜蜂的这种传递信息的能力，也是在长期的自然选择过程中所建立起来的适应性，也显著提高了传粉的效率。

图 2-13　采集蜂回巢跳摇摆舞将食物信息传递给巢内同伴

昆虫与植物互为生态因子，虫媒花依靠传粉昆虫的传粉来结实繁育，传粉昆虫以虫媒花的花粉和花蜜为食物，它们之间相互影响相互作用，具有复杂多样的协同演化关系，主要表现在进化级别的一致性和结构功能的相互适应。例如，虫媒花的颜色变得鲜艳，形状变大或多数花聚集在一起，花中分化有蜜腺和香味，向更有利于异花授粉的方向发展，与此同时，昆虫自身的形态结构和生活习性也相应发生变化，向着便于采蜜传粉的方向发展。例如马达加斯加岛上的长距武夷兰蜜腺藏在长达 23 厘米的距底，有一种长着 33 厘米吻的蛾子专门为它传粉，这种固定访花传粉有利于种间隔离，减少杂交，从而加快了被子植物的演化。在协同进化中，具有能够接受遗传上相容的花粒到柱头上并且传播尽可能多的花粉粒到其他同类个体柱头的传粉植物经自然选择保留下来，为了迫使昆虫访问不同的植物个体，每朵花或者每棵植物只分泌少量的花蜜的特性也在自然选择过程中被保留下来。同时，研究植物与传粉者之间的关系后推断，植物适应传粉动物的特化程度高于动物适应植物的特化程度。

专题三
授粉蜂群的组织与管理技术

近些年来，随着蜜蜂授粉产业的发展，大田农作物蜜蜂授粉技术已经得到了人们的认可，同时，由于设施农业给种植农户带来的良好效益，设施农业得到迅猛发展，给消费者也带来了更多质优、安全的反季果蔬。不同授粉环境下，授粉蜂群需要特定的管理措施，本专题针对大田作物授粉和设施作物授粉蜂群管理措施分别作了详细的介绍。

一、授粉专用工具

蜂群在给大田作物进行授粉时，不需要专用的蜂机具设备，但在给设施大棚作物进行授粉时，需要给授粉蜂配置专用蜂箱和喂水工具。

1. 用于小面积作物蜜蜂授粉的蜂箱

近年来我国设施栽培作物种植面积逐渐增大，这些都需要采用蜜蜂授粉，但目前使用的蜂箱体积大，在大棚内移动不方便；同时大棚昼夜温差大，大棚内湿度高，蜂箱保温性能差，不利于蜂群繁殖。

由山西省农业科学院园艺研究所蜜蜂研究室马卫华副研究员研发的一种专用于小面积作物蜜蜂授粉的蜂箱（图3-1），移动方便，易操作，解决了现有蜂箱结构复杂、适用范围受限、不能饲喂蜂群花粉的技术问题，本项实用新型发明用于温室栽培或制种类小面积种植作物的蜜蜂授粉，授粉时巢框可拆分用于小蜂箱，繁育时可用在标准箱内；同时还可以满足饲喂蜜蜂糖水和花粉的要求，内置饲料可以满足蜂群长时间在温室内为作物授粉的需要，从而能够在温室内充分地发挥蜜蜂授粉的优越性能，对设施作物的优质高产具有至关重要的意义。

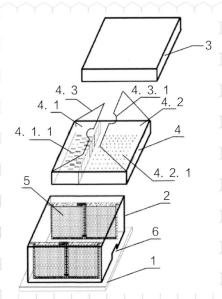

图 3-1 一种用于小面积作物蜜蜂授粉的蜂箱（马卫华 绘）

这种用于小面积作物蜜蜂授粉的蜂箱包括：底板（1）、箱体（2）、箱盖（3）、饲喂器（4），箱体（2）置于底板（1）上，箱体（2）底部开有巢门口（6），箱体（2）内装有巢脾（5）。其特征在于：所述饲喂器（4）是与箱体（2）匹配的矩形盒子，设置在箱体（2）的上方，饲喂器（4）的下口与箱体（2）的上口扣合；所述饲喂器（4）按照1∶2分成两格，小格为花粉盒（4.1），大格为糖水盒（4.2），花粉盒（4.1）和糖水盒（4.2）上设有饲喂器盖（4.3），花粉盒（4.1）底部有供蜜蜂食用花粉的条形孔（4.1.1），糖水盒（4.2）底部有供蜜蜂食用糖水的针眼孔（4.2.1）；所述巢脾（5）采用拆分式巢框支护，所述巢框由两个长宽尺寸相同的小巢框（5）组成，两个小巢框的长度尺寸分别是标准巢框长度尺寸的一半，两个小巢框任意一个的上框条一端，设有可将两个小巢框连接在一起的卡槽片，两个小巢框的侧框条下部用"U"形卡子夹持固定。

蜂箱选材

温室大棚内湿度明显较大田高，昼夜温差变化大，为了达到既保温又防潮的目的，可在纸箱内垫衬可发性聚乙烯（EPE）发泡塑料保温片材，外覆聚乙烯膜，这种蜂箱的保温防潮性能都优于现今常用的木制蜂箱。

2. 蜜蜂携粉器

由山西省农业科学院园艺研究所蜜蜂研究室张云毅副研究员研发的实用新型专利蜜蜂携粉器（图 3-2、图 3-3），属于一种授粉蜜蜂出巢专用通路装置。本项实用新型发明主要是解决现有的人工授粉方法存在的劳动量大、成本高和授粉工时受限制的技术问题。本项实用新型发明的技术方案是：蜜蜂携粉器，包括蜜蜂回巢装置。它还包括一个具有盛放花粉凹形槽的花粉箱体、花粉箱盖和若干块挡板，在所述花粉凹形槽的底面上黏附着若干条障碍条，挡板设在花粉箱盖的内表面上黏成"之"字形通道，蜜蜂回巢装置的一端设在花粉箱体的一侧，蜜蜂回巢装置的另一端延伸至蜂箱内。该装置显著提高了蜜蜂出巢为作物授粉的效率，蜜蜂在出巢还未到达授粉作物前虫体上已经携带了大量的花粉。

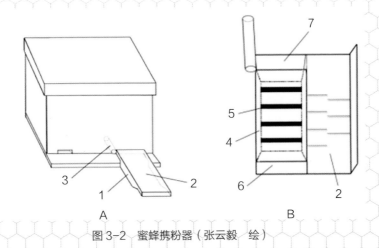

图 3-2 蜜蜂携粉器（张云毅 绘）

该携粉装置包括：花粉箱体（1），花粉箱盖（2），蜜蜂回巢装置（3），盛放花粉梯形凹形槽（4），若干障碍条（5），出口（6），蜜蜂携粉器入口（7）。其组成是：包括一个具有盛放花粉凹形槽的花粉箱体、花粉箱盖和若干块挡板，在所述花粉凹形槽的底面上黏附着若干条障碍条，挡板设在花粉箱盖内表面上黏成"之"字形通道，蜜蜂回巢装置的一端设在花粉箱体的一侧，蜜蜂回巢装置的另一端延伸至蜂箱内。

图 3-3 蜜蜂携粉器实物图（张云毅 摄）

3. 巢门饲喂器

巢门饲喂器（图3-4）为蜂群提供水源，方便蜜蜂采水。通常放置于蜂箱巢门口附近位置。专门饲喂糖水的饲喂器通常放置于蜂箱内部，在外界缺少蜜源情况下为蜂群饲喂糖水。

图3-4　巢门饲喂器

二、授粉蜂群的繁殖

目前温室或大棚作物授粉需要一定数量的蜜蜂，若用一般蜜蜂的原群进行授粉，则因温室花粉少、花朵少、饲料严重缺乏，蜂群群势下降幅度较大，对养蜂者经济上不合算；如果蜜蜂成群出售给农民，由于成本大并且有些浪费，也不易推广。这里介绍一种专为冬季温室或大棚提供蜂群的繁殖方法以及蜂场的管理办法，使每个蜂群在越冬时达到4 000 ~ 6 000只蜜蜂。一般情况下不摇蜜、不取蜂王浆和生产花粉，采用一切方法加速蜂群的繁殖，通过出售蜂群或出租蜂群服务于农业授粉，从而得到经济收入。繁殖蜂场的主要任务是养王和分蜂。授粉蜂群在有新蜂王的情况下授粉积极性最高，蜂群繁殖能力也强。因此，当蜂场大部分蜂群达5脾足蜂时，就应着手组织养王群，开始移虫养王。储王笼见图3-5。

图3-5　储王笼（邵有全　摄）

1. 养王

蜂群的繁殖是靠人工育王以分蜂方式实现的。利用早期培育的新蜂王实行人工分蜂，只要管理得当，经过一个半月的繁殖，就可以发展成强群。养蜂者根据生产需要，结合蜂群实际情况和自然条件等多方面因素，可以有计划地进行育王、分蜂。前期主要是为育王分蜂打基础。首先是确定育王时间。为了繁殖蜂群或换王，可于夏季、初秋进行育王。

小知识

培育优质蜂王的条件

①天气温暖，稳定。

②育王群势强壮，外界蜜粉源充足。

③蜂群处于繁殖期。

④种用父本群中已培育出可供利用的雄蜂。

其次是种群母、父本的选择，应根据长年生产记录，选择品种较纯、生产性能高、繁殖力强、群性温驯、抗病害抗逆性能强、定向力较好的蜂群。较大型的蜂场，选择和使用多个蜂群作父群和母群，并且定期从种蜂场引进最新优良品种，或以同一品种不同血统的蜂王进行选育，从而提高生产力和生活力。不同品种的蜂群其生产性能及生物特性均有差异。近亲繁殖、忽视对父群培养、混杂繁殖、育种养王方法粗放以及不良的环境条件，都能导致蜜蜂优良性状的基因向不利方向变化，导致生产性能下降。为了防止蜂种退化，应特别注重种用群的纯度。较纯的蜂种能保持其物种特有的生理特性和经济性状。将不同品种进行杂交可有效地扬长避短，使不同品种的优良性状组合在一起，产生出理想的杂交品种。例如意大利蜂繁殖力高，采集力强，性情温驯，易维持强群，但不能利用零星蜜粉源，育虫无节制，饲料消耗量大；而高加索蜜蜂早春繁殖较慢，但能利用零星蜜粉源，育虫有节制且节省饲料，正好弥补了意大利蜜蜂的不足之处。如选择意大利蜜蜂为母群用以培养蜂王，选高加索蜜蜂为父群用以培育雄蜂，使该两种蜂杂交，便可生产出生物特性优良、经济性能较高的"意×高"杂交蜂种。

延伸阅读

纯蜂种的来源

可向蜜蜂原种场、种蜂场邮购蜂王，也可以利用本场较纯的蜂进行提纯。提纯是利用雄蜂有母无父的原理，在严格控制非种用雄蜂的基础上，保证特定的种用雄蜂与处女王交配，通过两代以上的提纯筛选，便可产生出理想的纯种后代。因为雄蜂的发育迟于蜂王，故在育王前15 ~ 20天就得培育种用雄蜂。主要做法是在选好的父本种群内加入雄蜂脾，将蜂缩紧，做到蜂多于脾，并加喂饲料，限制蜂王产卵，人为地制造分蜂情绪，迫使蜂王向雄蜂房内产下未受精的卵。

最后需要注意的是育王群应选择有轻微分蜂欲望、蜂多于脾、饲料充足、泌浆适龄蜂较多的优良蜂群。也可以无王群始工，有王群完成。也就是先将移好虫的脾放入无王群让其哺育，待其接受并饲以蜂王浆后再提出放入强壮的有王群中。在始工阶段要进行奖励饲喂，促使蜂群泌浆，泌浆越多，育王质量越高。通过这样的方式就可以避免有王群不易接受的缺点。育王需要从特定的母本种群内移虫，虫龄以当天的（24小时内）为好。在第一次移虫接受后的36 ~ 48小时再进行重复移虫，促使蜜蜂加倍泌浆，保证蜂王幼虫的饲料充足。

2. 分蜂

分蜂是主要工作，当蜂群达8脾以上时就采用一分为二的办法分蜂（图3-6）。在蜜粉源条件差的地方采取一年2次分蜂的办法，例如在山西省太原郊区5月上旬移虫养王，5月中旬第一次分蜂，加快蜂群繁殖速度，经过40天繁殖蜂群达8框。6月中旬第二次养王，6月底分蜂，到8月底蜂群达8脾。在蜜粉源好的地区，也可采取3次分蜂，油菜花期结束时进行第一次分蜂，洋槐花期结束后 5 月中旬进行第二次分蜂，7 月 1 日前后进行第三次分蜂。采取 2 次分蜂办法一群可繁 4 群，三次分蜂办法一群可分 8 群。一年采取两次分蜂，还是三次分蜂，或者更多次分蜂，主要依蜜源和蜂群情况而定，但是最后一次分蜂必须在蜜源结束前一个月完成。在蜜源结束后，越冬前全部蜂群调整到 2 ~ 4 脾足蜂。

图 3-6　中华蜜蜂快速繁殖试验（邵有全　摄）

三、大田授粉蜂群管理

大田授粉，除自养蜂群授粉以外，一般都和养蜂生产结合在一块，由养蜂人员根据农作物和种植业主的实际需要，提供和管理授粉蜂群，应注意以下几点：

1. 作物授粉前的准备

授粉前，需要对授粉作物和授粉作物生长的环境进行全面检查。作物的水肥状况直接关系到作物的泌蜜或吐粉，而这些作为作物回报蜜蜂的报酬对吸引蜜蜂具有重要的作用，因此，必须确保授粉作物水、肥充足，生长状况良好，无病虫害发生和流行的前奏或隐患，同时，适当的时候可以提前铲除杂草。必要时，可以在大田作物花期前提前防治病虫害，并且注意选择无公害或残效期短、残留量较低的化学农药进行防治，确保所选择的化学农药或生物农药对蜜蜂进场后无毒或低毒，保证授粉蜜蜂的安全。经研究发现，并不是所有的杀菌剂都比杀虫剂对蜜蜂毒性低，大田作物花期前使用农药需要根据农药生产厂家或农业部药检所提供的相关数据对药剂的安全性进行初步的评价，防止农药对蜜蜂毒害事件的发生。同时，在利用蜜蜂为果树或经济作物授粉时，尤其是雌雄异株的果树授粉时，要注意栽种一定比例的授粉树，或者在主栽品种上嫁接一定数量的授粉枝，并不对花朵进行去雄处理，果树也要在花期前进行适当、适时的修剪，授粉后再根据需要进行必要的疏花疏果，加施肥料和灌溉处理。

2. 蜂箱的排列

在大田内确定蜂箱的排列方式时应考虑蜜蜂飞行半径、光照、风向以及互相传粉的因素。一般应采用小组（6群）散放，不宜采用一个蜂场100群或者200群蜂聚集放在一起，也不宜采用单群排列。采用前一种方式，离蜂箱较远的作物授粉不充分，蜂箱附近蜜蜂过剩。采用单箱排列方式，则对蜂群进行管理不方便，蜜蜂有效飞行范围有限，不利于异花授粉。

在果园里，特别是树体高大的果树，采用小组排放更有利于异花授粉。单箱排放，蜜蜂采花局限在果园有限的面积上，甚至一系列的采集飞翔活动都局限在一棵树上或者附近相邻的几棵树上，如果这几棵树中没有授粉树，这几棵树结果率就会下降，造成减产。如果采用小组形式摆放，蜜蜂建立起飞行路线时，蜂群与蜂群之间，小组与小组之间有互相授粉交叉区，一个群蜂内的蜜蜂，有的在主栽品种上采蜜采粉，有的在授粉树上采蜜采粉，它们归巢以后，在蜂箱里来回移动，将自身携带的花粉经过摩擦传到另一只蜜蜂身上，这只蜜蜂在飞往它的采集路线时，将花粉传过去，这样也同样达到了异花授粉的目的。

3. 早春蜂箱应加强保温

因为早春蜂群弱，外界温度低且变化幅度大，如果不加强保温，大部分蜜蜂为了维持巢温会降低出勤率，影响授粉效果。保温采用箱内和箱外双重保温的办法，放蜂地点以选择在避风向阳处更为理想。

4. 选择强群

对早春梨树、苹果树授粉，要组建强群进场授粉。这个时期的蜂群刚经过越冬期，第一批小蜂刚出房，数量少，蜂群内子多蜂少，内勤工作量大，负担重，能够出勤的蜜蜂的数量少。只有选择强群（子脾达6脾以上），才可能保证足够的出勤采集率。研究表明：强群在外界温度13℃时开始采集，但弱群则要求外界温度达16℃时才开始出巢采集。一般春季温度比较低，变化幅度也大，因此只有强群才能保证春季作物的授粉效果。

5. 采取蜂多于脾的管理方法

根据近年来蜜蜂授粉的实践，在早春4月上中旬，杏花、梨花、苹果花、桃花均已开放，急需蜜蜂授粉，而此时平均气温较低，蜜蜂活动受到影响，所以通过选择强群以适应早春农业授粉的需求极为重要。早春气温较低，应采用蜂多于脾的办法，保证蜂箱内的温度，提高蜜蜂的出勤率，保证授粉效果。

6. 脱收花粉

对花粉多的植物可以采取脱收花粉的办法，提高蜜蜂采花授粉积极性，见图 3-7。有些植物面积大或者花粉特别丰富，可以采取脱粉的办法，脱粉的强度首先要保证蜂群内饲料不受影响，但是不能让蜂群内有过多的花粉，造成粉压子的现象。当蜂群处于繁殖状态下，花粉仅仅能满足蜂群需要而没有剩余时，蜜蜂采集积极性最高。

图 3-7　蜂箱前加装脱粉器收集花粉（邵有全　摄）

7. 蜂群饲喂

蜜蜂的营养是影响蜂群群势和授粉积极性的重要因素。充足优质的饲料是蜜蜂正常生长发育的保证，可使羽化出的蜜蜂健康、寿命长、抗逆性强和采集力旺盛，也是蜂王保持高产卵力和蜂群迅速繁殖壮大的基础。

工蜂和雄蜂 3 日龄以内的幼虫食物和蜂王产卵期的食物都是由 6 ~ 12 日龄工蜂提供的蜂王浆。要确保幼虫食物的供给，蜂群内哺育蜂必须充足，如越过冬的 1 只工蜂仅能够喂养 1 只幼虫，春天新羽化出来的 1 只工蜂可养活近 4 只幼虫，同时巢房中还要有充足的蜂蜜和蜂粮。成年工蜂的基本食物是蜂蜜、花粉和水。蜂蜜为蜜蜂提供能源，并可转化为脂肪和糖原，成年蜜蜂靠吃蜂蜜可长期生活。而花粉则对刚羽化的幼蜂的生长发育和腺体发育必不可少。水是生命之源，蜜蜂的一切活动都离不开水。另外，蜜蜂还需要矿物质和维生素等。

外界蜜粉源缺乏而群内又缺饲料的情况下，短时间内饲喂蜂群大量的蜂蜜或糖浆，让蜂群储备足够的饲料，以度过饥荒的日子，这叫补助饲喂。可将储存的蜜脾直接加入巢穴，或喂 50% 的糖浆（白糖与水比为 1 : 1）。将水烧开，然后加入等量的白糖，搅拌使其溶解，放凉，在傍晚倒入箱内饲喂盒中，再置于箱中隔板外侧。

在蜂箱内储蜜较足，但外界蜜源较差，给蜂群连续或隔日喂少量的蜜汁或糖浆，直到外界进入流蜜期为止，以此来促进蜂群繁殖以及蜂王浆、花粉的生产。这种饲喂方式称为奖励饲喂，蜜蜂授粉期也宜采用。饲喂的糖浆量以足够当天消耗不压缩卵圈为宜。

温暖晴好天气，还可以在蜂场开阔的地方挖一个直径 1 米的圆坑，铺上塑料布，上面放置干净的秸秆，并注入干净的清水，蜜蜂就会采水。

花粉的饲喂可以促进蜂王产卵，对蜂群群势的壮大有益。将干的花粉粒进行高温灭菌，加入适量蜂蜜或糖浆，充分搅拌混匀，做成饼状或条状，置于巢脾的框梁上，上面盖一层塑料薄膜，吃完再喂，直到外界蜜源充足。

8. 大田授粉蜂群的组织

蜜蜂经过越冬期进入春天后，经过保温、治螨、奖励饲喂和加脾等，逐渐壮大了群势。这时外界需要蜜蜂授粉的植物先后到达花期，由初花期到盛花期，蜂群逐步投入授粉。授粉植物开花前，就应该组织好授粉蜂群。

在蜂群内培育大量适龄的采集蜂是为作物授粉成功的关键所在。早春为梨、桃、苹果、杏等果树授粉，应选择6脾以上的无病强群，保持蜂多于脾，蜂群繁殖和为果树授粉兼顾，同时做好蜂群保温、喂水和奖励饲喂工作。

合适蜂群的群势是授粉成功的关键，群势过弱则容易引起授粉不足，而群势过强则易导致授粉过度。授粉群的组建方法最好是从辅助群中陆续提出封盖子脾加到授粉主群中去，最好在盛花期前5天左右完成。转地饲养的蜂群应到授粉场地后再进行组织。对于群势较强的蜂群，可以考虑分蜂。分蜂即从一个或几个蜂群中抽出部分工蜂、子脾和蜜脾，移入1只蜂王或成熟王台，组建一个新的蜂群。人工分蜂应结合育王工作，在蜂王羽化前2天进行，分出的蜂群，应有2~3个子脾，1~2个饲料脾。

9. 防止中毒

不要用喷过农药的器具喷洒水，以免药械中的残留农药引起蜜蜂中毒。更重要的是要保证授粉范围的水源不被农药污染，否则也会引起大范围蜂群中毒死亡。

10. 蜂群的越夏管理

高温是影响蜂群正常工作的重要原因。每年7~9月，在我国广东、浙江、江西和福建等地，天气长期高温，蜜粉源枯竭，蜜蜂敌害猖獗，蜂群以减少活动、停止繁殖来应对这种现象。应在蜂群越夏前做好更换老劣蜂王、培育越夏蜂群、喂好越夏饲料、调整蜂群群势、防病治螨的工作，越夏还要做好通风遮阳、防盗蜂和增湿降温的工作。

在越夏期较短的地区，可囚王断子，在有蜜粉源出现后奖励饲喂繁殖。

在越夏期较长的地区，适当地限制蜂王产卵量，但要保持巢内有 1 ~ 2 张子脾、2 张蜜脾和 1 张粉脾。在有辅助蜜粉源的放蜂场地，应当奖励饲喂，以繁殖为主，兼顾蜂王浆生产。繁殖区不宜放过多的巢脾，蜂数要充足。

11. 蜂群的病虫害防治

蜂群生病多表现为个体的死亡，在授粉开始前应注意检查，积极防治蜜蜂病虫害发生，以确保蜜蜂的健康，使得授粉蜜蜂授粉积极主动。春季注意治螨，夏季注意防治巢虫、螨虫以及蜜蜂天敌胡蜂科昆虫的危害。

四、设施作物授粉蜂群管理

保护地栽培的果树、瓜菜及网棚内作物制种，采用蜜蜂授粉可减少人工，提高产量，改善品质，增产增收效果更为突出。但是保护地根本没有或很少有授粉昆虫，必须通过诸如人工蘸花、机械震动和激素处理来为设施作物授粉，以提高结实率。这些方法虽然有一定的效果，但也存在着不同的弊端，人工蘸花不但费工费时，劳动强度大，而且坐果率低，畸形果率高；机械震动相对节省劳动力，但容易造成植物茎叶受伤，授粉效果并不理想；激素处理农作物可以提高产量，但是果实受到激素污染，影响消费者的健康。因此，人为地引入蜜蜂是解决设施作物授粉最理想的办法。但要注意保护地蜂群的管理，必须采取相应的蜂群管理办法，否则将达不到授粉目的。

1. 设施作物生长环境特点

温室大棚内作物生长的环境最大的特点就是高温高湿。在这种环境下，蜜蜂生理机能紊乱、发育不良、无法正常飞行，甚至有的蜜蜂还会出现麻痹现象，在大棚前沿底边及蜂箱周围爬行，直至死亡。因此，在有利于大棚种植作物最佳生长的条件下，应该考虑到蜜蜂适宜生存的环境条件，及时开启通风口，调节大棚内的温湿度，为温室作物和授粉蜜蜂提供良好的生存环境。

昼夜温差大、湿度大、空气污染重是面积较小的温室的特点，现代化的大型温室相对比较智能，完全能够达到恒温恒湿，将温湿度维持在适宜作物正常生长的需要范围。然而，大部分日光温室内缺乏升温和除湿设备，仅仅依靠每天清晨使用自动卷帘机将覆盖在大棚塑料膜上的保温草帘卷起，以此来使阳光照进温室使内部升温，以及通过打开通风口来降低棚内湿度。在春冬季节，常常是夜晚温度很低（5℃左右），湿度很高（相对湿度95%以上），早晨升温缓慢，湿度也无法降低，到了中午阳光充足，温度就会快速升高到30℃以上，保持适宜的温湿度的时间很短暂。在这样的环境条件下，种植作物和蜂群都较容易发生病虫害，授粉蜂群常会出现卵、幼虫发育不良和蛹不能正常羽化成成虫的现象，蜂群群势下降十分明显，严重甚至会危及整个蜂群的生存。此外，温室内空气质量较差，空气中混杂着肥料和药物挥发的气体，有的温室使用火炉保温带来了烟雾，也会造成蜜蜂的出勤异常，甚至大量死亡。

2. 设施作物特点

作物的营养条件与生长发育状态是影响蜜蜂授粉效果的重要因素，缺少蜜粉源对蜜蜂生存和繁殖的影响是致命的。花粉是蜜蜂饲料中蛋白质、维生素和矿物质的唯一来源。温室内的花粉根本不能满足蜂群的需要，长期缺少花粉，会导致幼虫和蛹发育不良。而设施的种植环境条件决定了温室内作物的生长发育较大田种植环境差，形成了花量少、泌蜜少、花粉少的蜜粉源状况，对蜜蜂的吸引力较小。

3. 设施种植环境对蜂群的影响

我国设施农业中绝大多数温室为面积在 500 ~ 1 000 米² 的小型拱棚温室，拱棚顶最高部位一般不高于 3.2 米，前后跨度在 6 米左右。这样狭小的空间制约着蜜蜂的飞行，会造成大量蜜蜂出现冲撞温室顶棚膜而死亡的现象。

由于设施农业一般会常年耕种，因而空气、土壤中有害物质或农药残留物会相对较大，同时，棚室内湿度相对较大，棚壁上会凝结大量水珠，地面有时也会积水，这些水中含有大量有害物质。蜜蜂有采水的习性，采集后会容易引发病害，甚至大量中毒死亡。

4. 设施作物授粉前管理措施

（1）控制温湿度　授粉期间，温湿度要求更加严格，种植作物会因为温度的大幅波动，影响正常发育生长和花期的泌蜜，不利于蜜蜂采集和授粉。当温室内温度高于 32℃时，蜜蜂不会出巢采集飞行，在巢门口结团散热降温。温室内湿度过大容易使蜜蜂生病，飞出蜂巢后不易再返回，群势下降快，甚至造成蜂群全部死亡。因此，必须通过科学的水肥管理措施和合理的通风保温措施，严格控制温室的环境，增加作物花期的开花量，调动蜜蜂的采集积极性，提高种植作物的授粉效率。当温湿度过高时，通过拉起网棚通风换气来降温降湿。当温度过低时，通过电炉来升温，并用喷壶洒水增加棚内湿度。

（2）蜜蜂进棚前喷洒农药　蜜蜂进温室前首先应对温室内作物的病虫害进行一次详细全面的检查，并针对性地进行综合防治，以免蜜蜂进温室后发现病虫害再予以治疗，造成蜂群中毒。

生产提示

具体操作注意事项：

第一，防治后第二天中午将放风口打开，让新鲜空气更换温室内的毒气和有害气体，3 天后才能将蜂群搬进温室。

第二，检查温室内工作房和缓冲间，将使用过的农药瓶和喷过农药的喷雾器放到大棚外面；防止蜜蜂不出勤或发生中毒死亡。检查温室内可能存在的小水坑，以防水坑中残留的农药危害蜜蜂。

第三，为了防止授粉蜜蜂在室外温度较高时，从放风口跑出去不能回来，夜晚冻死在外面，应在放风口遮挡纱网。

第四，在温室中部离后墙 1.5 米远的地方用砖或木材搭一个架子，架子高 30 厘米，长 55 厘米，宽 45 厘米，供放置蜂箱。

第五，也是非常关键的一点，采用蜜蜂授粉的作物不要打掉雄花，否则会影响蜜蜂授粉效果。

第六，将要进棚授粉的蜂群，在晴天搬进湿度较小的空大棚中进行飞行排泄 2 ~ 3 天，可以避免蜜蜂将大便排泄到植物的叶上，减少擦洗叶子的麻烦。

（3）蜂群位置的摆放　温室内放置蜂群应该选择干燥的位置，并放在用砖头或木材搭起的高度为 30 厘米左右的架子上。将蜂群放置在靠近作物、蜂路开阔、但温度不会太高的地方，蜂箱巢门略向东较好，见图 3-8。

图 3-8　设施番茄授粉蜂群摆放（张旭凤　摄）

（4）检查温室网棚严密性　授粉蜂群进入温室前要检查棚膜是否有破洞，防止蜜蜂从破洞通风口处飞出无法返回。通风口要加盖防虫网，防止蜜蜂飞出。大棚覆盖膜与棚壁之间，需要压平整不能有缝隙，防止刚进入温室的蜂群对封闭环境不适应，寻找可以飞出温室的地方而进入缝隙，蜜蜂进入缝隙会被闷死。

（5）加强温室内种植作物的管理　一般情况下一个温室内仅种植一种作物，也有多种作物同时种植的。由于蜜蜂具有典型的采集专一性，如果同一温室内多种作物同时开花，容易彼此形成竞争花，竞争力弱的作物授粉效果将受到影响，应采取提高授粉竞争力的措施或增加授粉蜂数量，或者尽量在同一温室内种植不在同一花期的作物。且温室内种植授粉树应同一行内主栽品种和授粉品种混栽，不能分行定植，例如设施桃树的种植，并且果树要修剪时，每一行都应有等距离的授粉树，授粉后根据需要疏花疏果，根据情况加施肥料和浇水。设施草莓种植田间管理现场见图 3-9。

图3-9　设施草莓种植田间管理现场（张旭凤　摄）

同时，温室中种植的作物与外界生长的同类作物相比较，水分、肥料、光照、通风、温度和湿度等生活条件都有明显的不同，需要根据具体情况及时采取措施调整环境因子，以便利于作物果实的生长发育。

5. 授粉蜂群的组织与配置

蜜蜂授粉的效果主要取决于工蜂的出勤率和工蜂数量。授粉作物的种类不同效果也有所不同，一般500米^{2}的温室配置2～3脾足蜂。如果为温室果树授粉时，由于果树花量大，花期短而且集中，应根据花朵数量确定放蜂数量，至少应增加1倍。温室昼夜温差大，为了有利于蜂群的正常生活，群势也应控制在2足框以上，整个授粉期间一直保持蜂多于脾或者蜂脾相称。蜂群中的成年老蜂在进入温室前，常外出采集花粉和花蜜，已经习惯于外界空间自由飞翔，因此，蜂群中成年老蜂多会出现往棚外飞，即撞棚现象。所以，进入温室授粉前，应该将成年老蜂脱掉，尽量留适龄的幼蜂，保证在温室内的采集效率。

6. 授粉蜂群进场时间

放蜂时间对授粉效果影响很大，选择合适的蜂群入场时间可保证作物的授粉效果。例如，大棚或者温室种植的果树，花期短，开花期较集中，因此，应在开花前5天将蜂群搬进温室。让蜜蜂适应新的环境，进行试飞，排泄，并同时补充饲喂花粉，奖励饲喂糖浆，刺激蜂王快速产卵，待果树开花时，蜂群已进入授粉状态。若给蔬菜生产授粉，因授粉时间长，初花期花少，开花速度也慢，因此在开始开花时，将蜂群搬进温室就可以保证授粉效果。蜂群进棚准确时间确定以后，应该在第一天傍晚，将蜂群搬进温室，30分后打开巢门，因天已黑，蜜蜂不出巢，第二天随着天渐渐转亮，温度慢慢升高，蜜蜂缓慢出巢后会重新认巢，随后适应新的位置，这样死亡损失最少。

7. 喂水

蜜蜂放进温室后一定要喂水，喂水的办法有两种：一是巢门喂水，采用巢门饲喂器进行喂水；二是在棚内固定位置放一个浅盘子，每隔2天换一次水，在水面放一些漂浮物，供蜜蜂停留，以防溺水死亡。

8. 喂花蜜粉

充足的蜜、粉是维持蜂群正常生活的必要条件。温室内的植物大都流蜜不好，尽管是流蜜较好的作物，也因面积小，花数量少，花蜜根本不能满足蜂群的生活需要，特别是蜜腺不发达的黄瓜、草莓更应该喂蜜。喂蜜时蜂蜜与水比为1：3。

花粉是蜜蜂饲料中蛋白质、维生素和矿物质的唯一来源，温室内的花粉根本不能满足蜂群的需要，如果不补喂花粉，群内幼虫不能孵化，蜜蜂就没有采集积极性，直接影响授粉效果。

9. 调整蜂脾关系

温室特别是日光节能温室昼夜温差变化大，为了有利于蜂群的繁殖，应一直保持蜂多于脾或者蜂脾相等的比例关系。

10. 加强保温措施，保证蜂群正常繁殖

目前大部分日光温室主要靠白天的积温来维持温室内的温度，昼夜变化幅度较大，在寒冷地区最低时室内温度在8℃左右，而中午太阳直照温室，室内温度直线上升，最高时可达40℃左右，变化幅度在30℃左右，若不加强蜂箱保温，对蜂群繁殖十分不利。尤其在10℃以下时，蜂群内蜜蜂紧缩，使外部的子脾无蜂保温，易造成凉子死亡。由于这种特殊变化的环境对蜂群消耗较大，因此加强蜂箱内外的保温措施，使蜂箱内的温度相对稳定，是保证蜂群正常繁殖的重要环节。

11. 防止中毒

防止中毒在温室授粉中尤为重要，因温室空间小，空气流通慢，很小量的毒气都会给蜂群造成严重危害。在准备用药的前一天，堵塞巢门，将蜂箱搬到温室外面的避光处，但温度应保持在15℃左右。然后进行用药，在冬季熏烟后放风2～3天即可将蜂群搬进温室。春季气温转暖，温室内空气交换较慢，药效时间长，应将蜂箱在温室外放3～5天，才能搬进温室。值得注意的是，未点燃的熏烟剂虽然对蜂箱无害，但是放在温室内阳光直晒的地方，天气晴朗时，室内温度升高，会引起自燃，造成蜂群中毒。

12. 防止发霉

温室内湿度大，容易使蜂具发生霉变而引发病虫害，所以应将蜂箱内多余的巢脾全部取出来，放在蜂箱外保存。

13. 严防鼠害

冬季老鼠在外界找不到食物，很容易钻到温室内繁殖、生活，咬巢脾、吃蜜蜂，扰乱蜂群秩序对蜂群危害很大。据笔者在晋南调查，有80%温室程度不同地遭受鼠害，这对温室蜜蜂授粉影响极大，因此必须严防。首先应采取放鼠夹、堵鼠洞、投放老鼠药等一切有效措施消灭老鼠，同时缩小巢门，让2只蜜蜂同时进出即可，防止老鼠从巢门钻入蜂群。

14. 选择蜂种

意大利蜜蜂产卵力强，当温度适宜时就开始产卵，进入繁殖状态，开始采集授粉，一般放进温室3天授粉就基本正常，适合为温室作物授粉。但卡尼鄂拉蜂或卡意杂交蜜蜂必须外界有花粉时才开始产卵，这时才有授粉积极性。

到温室作物花期结束，授粉活动结束，大部分授粉蜂群数量都会明显减少，群势下降明显，无法进行正常繁殖，应及时合并蜂群，或者从蜂场正常蜂群中抽调子脾补充。

专题四

影响蜜蜂授粉的因素和改进措施

影响蜜蜂访花授粉行为的因素有很多，包括天气状况（温度、湿度、风和雨等）、目标作物（花的色、形、香、味，花蜜、花粉的营养成分，泌蜜和吐粉量的大小）、蜂群（蜂王的优劣、群势的强弱、幼虫的数量等）以及授粉目标作物周围是否有竞争花等，对影响蜜蜂授粉的因素有一个全面的了解，在此基础上结合每个因素的特点，针对性地制订出切实可行的提高蜜蜂授粉效果的措施。

一、影响蜜蜂授粉效果的因素

（一）气候

蜜蜂是变温动物，环境温度的高低变化直接对蜜蜂体温的高低变化产生作用。蜜蜂的生命活动需在一定的温度范围内才能正常进行，超过一定的温度范围，生命活动将受到抑制，甚至引起死亡。

在大田作物的授粉中，天气是影响蜜蜂活动的主要因素，我国北方地区更为明显。天气影响授粉主要表现在气温方面，当外界气温低于16℃或高于40℃时，蜜蜂出巢采集次数显著减少。强群在低于13℃、弱群在低于16℃的条件下几乎停止采集授粉活动。风速过大也影响蜜蜂的出勤，当风速达24千米/时，蜜蜂飞行就完全停止。有云、有雾的天气同样会影响蜜蜂的采集活动。雷雨、暴雨对蜜蜂的采集活动影响也很大。过低的温度不仅影响蜜蜂的飞翔及采集，还会对植物的花器官造成损害，晚霜冻会冻坏花器官。4～10℃的低温会延缓花粉的萌发和花粉管的生长，导致受精失败，强降雪影响花期授粉见图4-1。长期低温阴天则影响雄蕊花粉的成熟。干旱高温和大风都会使花的雌蕊柱头过于干燥而影响花粉的萌发。大田中天气因素是不可抗拒的自然因素，不以人的意志为转移。因此，一定要把握、利用短暂的好天气完成授粉，否则将会造成减产甚至绝产。

图 4-1　苹果花期遭遇强降雪（武文卿　摄）

在设施作物的授粉中，设施内夜晚温度较低，蜜蜂结团，外部子脾常常受冻。为此，晚上应在四周加上草帘等保温物，维持箱内温度相对稳定，保证蜂群能够正常繁殖。

植物的花蜜花粉是蜜蜂的食物来源，是养蜂的基础；蜜蜂以采集植物花蜜、花粉而繁衍生息、生产蜂蜜；植物因蜜蜂授粉而结实、增产。二者对外界温湿度的要求极为一致，温度 15 ~ 25℃、相对湿度 45% ~ 75% 最为适宜。

（二）植物状况

蜜蜂授粉增产幅度的大小，与植物的营养状况有着密切的关系。若植物营养状况差，苗弱，尽管蜜蜂授粉很充分，坐果数增加，但终因植株营养供应不足而造成落花落果，仍无法获得高产优质的农产品。在植物营养状况良好的情况下，蜜蜂授粉后的结果数量较不采用授粉技术显著增多，授粉后的果实都能正常生长。植物只有加强肥水供应，采用蜜蜂授粉才能获得显著的增产效果。

蜜蜂为果树授粉时，果树修剪是影响蜜蜂授粉的关键因素。多枝、高放，造成树冠高大，影响光线照射，影响农作物光合作用，影响蜜蜂授粉，导致作物产量、质量下降。通过以树定产、以产定枝、以枝定花的优质高产技术进行果树修剪后，树冠高低适宜，可大大增加蜜蜂授粉概率；改疏花为疏果，既不影响蜜蜂采花授粉，又为疏果创造了择优留用的优势，从而提高了果品优质率。

（三）授粉蜂种

不同蜂种对授粉作物的选择性、对授粉环境的适应性、农药的耐受程度不同；选择不同的蜂授粉，要熟悉各类昆虫的生物学特性。根据授粉作物的不同，在节省经费的原则下选择适宜的蜂种。例如，为苜蓿授粉应采用苜蓿切叶蜂，果树选用蜜蜂授粉的同时也可选用壁蜂。日光节能温室、大棚和现代化温室种植番茄宜选用熊蜂，因为熊蜂对茄科植物如西红柿授粉效果显著。蜜蜂和熊蜂是多向性的授粉昆虫，蜜蜂一次采集飞行或连续几次飞行中仅采集一种植物的花，表现出授粉的专一性、坚定性和忠实性。相比较于蜜蜂，熊蜂对洗衣粉、杀菌剂、叶面施肥都具有不耐受性，蜜蜂的耐受力远大于熊蜂，但熊蜂在温室中的适应性却优于蜜蜂。中华蜜蜂（*A. cerana cerana*，中蜂）相较于意大利蜜蜂（*A. mellifera ligustica*，意蜂）具有采集勤奋、能利用零星蜜源等特性。

（四）授粉蜂群

蜂群大小、蜂群内采集蜂的多少和蜂群内蜂王的优劣等都会影响授粉效果。在大田作物的授粉中，早春气温低，强群是保证授粉的主要条件，强群适应低温的能力比弱群强。蜂王产卵好坏影响采集积极性，产卵好的蜂王，蜜蜂出勤早，采集次数多。早春授粉尽量选择当地蜂群，因其对当地条件适应性强，采集授粉效果好。早春从南方等地发往华北、东北的笼蜂，当气温突然降低时，蜜蜂出巢采集次数比本地蜂少。

设施反季节植物在寒冬腊月开花，棚内百花盛开，棚外白雪皑皑；蜜蜂结团休眠，授粉成为难题。加强授粉蜂群的管理，打破蜜蜂休眠、滞育期，促使蜂王产卵、促进工蜂哺育与出勤采集、繁殖蜂群是增强授粉效果的关键。蜜蜂的繁衍与季节相关，设施农业授粉蜂群的组织应当从秋季开始，利用培育适龄越冬蜂的最好时机，进行奖励饲喂，将蜂群培育成有 3 脾蜂以上的标准授粉群，喂足饲料，做好授粉前的准备工作。

（五）授粉时间

授粉时间的确定，要综合考虑授粉作物自身的特点、当地环境、竞争花的多少等因素。花期较长的作物开花时蜂群入场不会对产量造成影响；花期较短的作物应在花前将蜜蜂运到授粉场地。为了提高授粉效果，给梨树等蜜蜂不太爱采集的作物授粉时，为防止蜜蜂到其他竞争花上采集，影响授粉效果，应在 25% 的花开放时再将蜂场搬运到授粉场地。对蜜蜂吸引力较大的大樱桃、杏树、草莓等，应在初花前或初花期放入棚内，延迟蜂群入场时间就会严重降低产量。

（六）作物对授粉的依赖性

授粉增产幅度的大小，与作物对昆虫传粉的依赖程度有很大关系。若植物是风媒花植物，蜜蜂授粉后的增产效果相对较低。有些植物既可虫媒，也可风媒，需要昆虫传粉，即使没有昆虫传粉也能结实，但是采用蜜蜂授粉后有一定的增产效果。虫媒花植物如果没有授粉昆虫参与就不会结实，这一类作物采用蜜蜂授粉后增产效果显著。

中国依赖蜜蜂授粉主要作物分类见表4-1。

表4-1 中国依赖蜜蜂授粉的主要作物分类

木本水果		蔬菜		大田瓜果	豆类和油料作物	纤维和糖料作物	牧草
柑橘	葡萄	白菜	油菜	西瓜	油菜	棉花	紫花苜蓿
苹果	荔枝	萝卜	四季豆	甜瓜	大豆	甜菜	三叶草
梨	猕猴桃	黄瓜	甘蓝	草莓	花生	亚麻	
桃		番茄	胡萝卜		向日葵		
		茄子	豇豆		芝麻		
		芹菜	大蒜				

注：引自孙翠清，赵芝俊（2016）"中国农业对蜜蜂授粉的依赖形势分析——基于依赖蜜蜂授粉作物的种植情况"。

大白菜、油菜、萝卜、甘蓝、胡萝卜、芹菜、大蒜的制种依赖蜜蜂授粉，其作为食用蔬菜不需要蜜蜂授粉；对蜜蜂授粉依赖性较强的豆类作物仅包括大豆一种作物；纤维包括棉花和亚麻。根据《中国统计年鉴》的统计分类，棉花自成一类作物，亚麻属于麻类作物，甜菜属于糖料作物，这三大类作物均对蜜蜂授粉依赖性较强。

（七）农药等有毒物质对蜜蜂授粉的影响

不同种类、不同剂量的农药对蜜蜂的影响和毒害程度不同。武文卿（2016）在同一生境下，对花期喷施药剂的枣树和喷施清水的枣树访花昆虫进行调查。喷施药剂会影响传粉昆虫的数量，花期喷施药剂的传粉昆虫数量比喷施清水的传粉昆虫访花数量少，见图4-2。在6：30～7：00，两个调查点昆虫数量差异较小，在其他时间段中，前一天喷施药剂的枣树访花传粉昆虫数量少，一天未出现访花高峰，共采集昆虫61头。在前一天喷施清水的调查地，一天中出现两次访花高峰，共采集昆虫244头。由此说明药剂对昆虫有趋避作用，同一生境下，喷施药剂后枣树的访花传粉昆虫数量会明显减少。

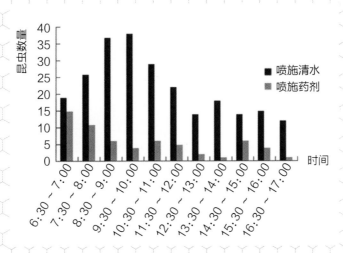

图4-2　花期药剂对访花昆虫数量的影响

注：引自武文卿等（2016）"枣树访花昆虫多样性及药剂的影响"。

刘世杰（2003）观察发现，空气污染会影响果树花期蜜蜂的正常授粉活动。寿光园艺场租进100箱蜜蜂用于苹果花期授粉。第二天蜜蜂纷纷出巢，积极访花。在第三天发现蜜蜂的活动表现极为异常。除个别蜜蜂在巢门窥视外，其他都群聚巢穴不出勤。经查证是火化厂排放的废气中有害气体随风流动，污染了下游的空气环境，影响蜂群活动。

2003年寿光农民大棚种植的凯特杏棚进入初花期，放蜂后连续4天未见蜜蜂出巢采集。而邻棚同一天放入的蜜蜂却活动正常。经过现场调查发现，大棚的树下曾间作葱、韭、蒜苗，翻地时将其埋入地下。扣棚后棚温和地温增高，土壤中葱蒜腐烂分解后产生烯丁基类物质，此类物质挥发性较强，污染了空气，使空气产生异味，对蜜蜂活动造成了影响。在树下采取覆盖地膜，阻止异味气体向上挥发，并结合通风换气，当天下午蜂群即开始出巢活动。

二、提高蜜蜂授粉效果的措施

根据泌蜜泌粉的情况，目标授粉植物可分成以下几类：有些泌蜜多，有些粉、蜜都多，有些粉多蜜少，少数粉、蜜都不多。在利用蜜蜂为这些作物进行授粉时，其困难程度是不一样的。具体而言，对于泌蜜较多或者粉蜜都多的植物而言，蜜蜂不管是采蜜还是采粉，都可帮助植物完成传粉的工作。尤其是蜜蜂有积极采集花蜜的特性，对这些植物种类而言，只要有蜜蜂存在，实际生产中基本不存在授粉困难的问题，比如蜜多粉少的荔枝、龙眼、洋槐以及粉蜜都多的油菜等，蜜蜂授粉的效果都很好，不用考虑蜜蜂是采粉还是采蜜。但对于粉多蜜少的植物，比如梨树，因其蜜少粉多，同时因蜂群对花粉的采集是有节制的，蜂群只在群内有大量幼虫需要哺育的情况下，才会主动采集梨花花粉。其他情况下其采集目标植物的活动是非常少的。为解决这类作物的授粉问题，必须针对性地提供一个群内对花粉需求旺盛的环境，如有大量的幼虫要哺育或者施加幼虫激素模拟有大量幼虫需要哺育的环境。同时在目标作物区域少有其他的竞争性粉源植物，诱导、刺激蜜蜂大量采集目标作物，帮助完成传粉的目的。在设施作物授粉中，植物的粉蜜不能满足蜂群的正常活动，为了提高蜜蜂授粉效果必须对蜂群进行饲喂。

（一）诱导蜜蜂为目标植物授粉

蜜蜂授粉行为的特点是第1只蜜蜂到外界采到某种作物的花蜜回巢后，会用跳舞的方式告诉同伴此种花粉和花蜜的位置和大体距离，从而在很短时间内使整群蜂都飞到这个地方去访花。根据这一特点，聪明的人类采用诱导的方法增加蜜蜂访问花朵的次数。诱导方法大体分为饲喂法、诱导剂诱导法。

1. 饲喂花香糖浆

当蜜蜂授粉的区域内出现一种流蜜且花粉充足，对蜜蜂的引诱力超过目标授粉作物时，为了提高授粉效果，加强蜜蜂对授粉作物采集的专一性，可以用带有这种作物花香的糖浆对它们进行训练。即便是对蜜蜂吸引力较强的树种利用此法亦可显著提高产量，因为花朵柱头在最短时间内接受多量花粉，能使大量花粉管同时迅速通过花柱，进入具有多胚珠的长而大的子房内完成受精作用，蜜蜂访花次数越多，则果实内种子数越多，畸形果越少，果实风味也就越好。

花香糖浆制作方法是先在沸水中溶入同等重量的白砂糖，待糖浆冷却至 20 ~ 25℃时，倒入预先放有花朵的容器里，密封浸渍 4 ~ 5 小时，然后进行饲喂。具体方法是：从初花期直到开花末期，每天用浸泡过该种花瓣的糖浆饲喂蜂群，以使蜜蜂尽快建立起采集这种植物花的条件反射。第 1 次饲喂最好在晚上进行，第 2 天早晨蜜蜂出巢前再饲喂 1 次，以后每天清晨饲喂，每群每次的饲喂量为 100 ~ 150 毫升。

法国学者研究发现，如在幼虫期饲喂这种糖浆进行训练，让目标植物的气味给它们留下花蜜多的印象，这群蜂就会建立永久记忆，长久保持对这种植物的采集力，直到死亡。吴美根用梨树花的提取物喂蜂，其出勤数比喂糖浆的提高 1.49 倍。

蜜蜂授粉训练的具体操作方法

苏联季米里亚席夫农学院亚·佛·古演教授研究了蜜蜂授粉训练法的具体操作方法：在早晨将 100 克芳香混合糖浆灌到空巢脾上，放入蜂群中，当蜂爬满巢脾后，将其放到一个箱子中，引诱更多的蜜蜂到脾上，然后把箱子盖严，带到授粉作物的田地中，打开箱盖，1 ~ 2 小时后，当有大量的蜜蜂飞来时，再把有蜂的脾放到授粉作物的地块，均匀摆放在田地中，当蜂数达到相当数量时，就用授粉作物花香糖浆代替芳香混合糖浆。对于那些花蜜少的作物，过一段时间后可能会出现授粉蜂减少的现象，需要在前一天晚上，给蜂群喂花香糖浆。第二天在田间仍用同样的糖浆喂蜂，以保证授粉蜂数量。这种方法在红三叶草上应用取得了良好的效果。

混合芳香糖浆的制法是：将 0.5 千克的糖溶解于 0.5 千克水中，再浸入授粉植物花瓣，然后再加薄荷、洋茴香或茴香等香精 1 滴。

设施内大多数农作物因面积和数量有限，花朵泌蜜不能满足蜂群正常发育，尤其为蜜腺不发达的草莓授粉时，通常在巢内饲喂糖水比为 2 ∶ 1 的糖浆。在温度较高的干旱区可用 1 ∶ 1 的糖浆喂蜂。

2. 饲喂花粉

花粉是蜜蜂饲料中蛋白质、维生素和矿物质的唯一来源，对幼虫生长发育十分重要。授粉期饲喂花粉可以促使蜂王多产子，以此增加蜂群采集积极性。通常采用饲喂花粉饼的办法饲喂蜂群。

花粉饼的制作方法是：选择无病、无污染、无霉变的蜂花粉，用粉碎机粉成细粉状；将蜂蜜加热至 50 ~ 65℃，趁热倒入盛有花粉的盆内（蜜粉比为 3 ∶ 5），搅匀浸泡 12 小时，让花粉团散开。揉合均匀，其硬度以放在蜂箱框梁上不流到巢箱底为原则，越软越有利于蜜蜂取食。每隔 7 天左右喂 1 次，直至大田或温室授粉结束为止。如果花粉来源不明，应采用高压或者微波灭菌的办法，对蜂花粉原料进行消毒灭菌，以防病菌带入蜂群。

3. 诱导剂诱导法

在花期喷施蜂王信息素和哺育信息素，均可加速蜜蜂繁殖，刺激蜜蜂采集积极性。使用追踪信息素可以增加蜜蜂的采集活动。蜜蜂诱导剂的发明无疑给问题作物的蜜蜂授粉带来了福音，随后人们相继开始使用各种诱导剂，包括 Fruit-Boost、Bee-Q、Bee-Scent、Beeline 等，增加了蜜蜂对西瓜、黄瓜、柑橘、芝麻等目标作物的访花积极性，发现一些诱导剂的确可以提高作物的授粉效率和产量。

为了吸引更多的蜜蜂为那些对蜜蜂没有吸引力或吸引力较小的作物授粉，美国研究出了"蜂味"和"增效蜂味"，在开花季节用直升机或者喷雾器将这两种物质分别喷到需要授粉的植物上。喷后分别在1小时、4小时、24小时、48小时统计授粉植物花上的蜜蜂数。在喷药后1小时、4小时、24小时，到树上采集蜂的平均数量明显比对照组高。与对照组相比，增加蜂数0～90%。使用"蜂味"剂使巴特利特梨的坐果率提高了23%，安焦梨提高44%，樱桃提高12%。应用"增效蜂味"引诱剂，使巴特利特梨的坐果率提高44%，樱桃提高15%，总统李提高88%，美味红苹果提高6%。

几种常用诱导剂

SuperBoost：主要成分为蜂王信息素。胡福良等研究表明，蜂王信息素能够抑制工蜂的卵巢发育，防止分蜂；在植物授粉中应用，能促进作物的授粉，显著增加果实的大小和产量，提高经济效益。Pankiw 等研究表明，蜂王上颚腺信息素能刺激蜂群采粉，提高蜂群的采集积极性。匡邦郁等研究表明，利用合成蜂王信息素制成"假蜂王"防止分蜂，对蜂群进行管理，可以明显提高蜂群的采集能力，增加采蜜量和采粉量。郭成俊等研究表明，SuperBoost 显著提高了蜜蜂访问梨花有效飞行时间所占比例，在一定程度上提高了梨树授粉率。

Polynate：是一种蜜蜂活动增强剂（俗称诱蜂圈），内含花香引诱剂及工蜂信息素，可以在果树花期持续释放出引诱蜜蜂的气味，增强花香，吸引周边的蜜蜂到放置引诱剂区域的作物上活动，从而提高作物的授粉效果和授粉的稳定性，提高作物产量和品质。郭成俊等研究表明，Polynate 能显著增加访问梨花的蜜蜂数量。此外，对梨树的访花频率和有效飞行也有有利的影响，从而改善梨树授粉效果。新疆库尔勒香梨研究中心曾做过相关试验，悬挂 Polynate 于香梨树上，可提高蜜蜂活跃程度，增加香梨得到蜜蜂授粉的机会，使授粉更加充分、均匀。

蜂为媒：是香甜的生物活性物质，将充分溶解的蜂为媒在作物上空喷几下，香甜气味即随空气流动，吸引远近的蜜蜂等昆虫，能有效扩大蜜蜂活动范围，从而增加作物得到蜜蜂授粉的机会。郭成俊等研究表明，蜂为媒能够增加访问梨花的蜜蜂数量，显著提高蜜蜂在访花过程中的访花频率和有效飞行时间所占的比例，增加蜜蜂的访花行为，从而达到提高梨树授粉率的目的。

（二）增加植物对蜜蜂的吸引力

蜜蜂授粉效果很大程度上取决于花蜜的分泌量，同样地取决于耕作栽培措施，特别是营养条件，蜜蜂在施过肥又清除过杂草的耕地授粉效果最好。

在生产实践中可以通过肥水调控措施来增加花蜜分泌量，施用磷、钾肥可以明显增加花蜜的分泌量。磷能促进积累单糖，并将糖运送到花中；钾能加速植物体内碳水化合物的形成，作为能量运用，因此在棚内施用磷、钾肥，可以促进花蜜分泌，而且可以使果树抗逆性提高。

钙、钠离子有利于一些植物花粉管的生长，所以在授粉植物开花期间喷施钙盐、钠盐（食盐）溶液等，可以提高蜜蜂授粉效果。在花期 9:00 给花喷 3% 的氯化钠（食盐）溶液可显著提高蜜蜂授粉的结荚率。

对于蜜腺不发达的果树，还可以在花期喷蜜水或白糖水（每 15 千克水对 50 ~ 100 克蜂蜜或 100 ~ 150 克白糖），将蜜水或糖水喷到当天开放的花朵上。在喷洒时要不断晃动喷雾器，因蜜或糖易沉淀。喷洒时间掌握在花瓣展开后开始散粉前。

（三）合理配置授粉蜂群

1. 授粉蜂群群势

不同大小的蜂群有不同的特点，小的蜂群自身快速发展壮大的内在需求比较强，否则在自然界生存压力较大，这种蜂群将较多的资源和力量用于快速增加自身数量和群势发展的过程中，在子代培育方面投入比较大的力量，而幼虫的培育需要消耗大量花粉，以便为幼虫提供发育需要的蛋白质。从生物学的角度而言，小蜂群成年蜜蜂数量有限，加之群内有大量的幼虫需要哺育，这些大量存在的幼虫会分泌幼虫激素，调控成年蜜蜂的生理状态，使其更长时间地保持在哺育蜂的状态，推迟向外勤蜂阶段的转换。这导致群体从事采集工作的蜜蜂的数量和采集时间都会缩短，蜂群的采集能力降低，即便是采集活动，也基本上以幼虫发育急需的花粉为主，所以这种小群在群内储蜜充足的情况下，绝大多数甚至全部的采集蜂均从事花粉采集的工作。这在利用蜜蜂为部分泌粉较多的作物种类授粉应用中有很大的意义。但因这种蜂群的规模过小，抗病能力弱，特别是在春、秋两季容易出问题，在管理方面的投入、技术要求和难度要大一些。

群势较大的蜂群，蜜蜂个体数量可达 5 万只以上，群势达到了一个较高的水平，因蜂王的产卵稳定在日产 2 000 枚的水平，群内的繁殖和哺育幼虫工作达到一个稳定状态，群内哺育蜂的数量一定，占据总成年蜂的比例较小。这时的蜂群将较多数量和比例的成年蜂分配从事增强自身生存竞争能力的采集活动。但因蜜蜂对花粉和花蜜偏好方面的差异，总体采集花粉的比例相对较少，而多数采集蜂均从事花蜜的采集工作。在授粉时这种蜂群抗病能力强，易于管理。

2. 授粉蜂群规模

某种作物授粉究竟应配备多少蜜蜂授粉效果最理想，这是耕作者和授粉者共同关心的问题。但是这个问题很难给出一个准确的数据，因为植物在一天中的有效花数不准确，一般初花期和末花期花较少，盛花期花朵数量是初花期和末花期的几倍，如果按盛花期的花数配备蜂数显然有些浪费，而按初花期有效花数配备蜜蜂则有些不足，这就只能估计一个大概的范围。假设花数一定，但蜂群的授粉能力每一天、每一刻也受到天气以及内部成员结构的影响，能出巢采集的蜂数也不一定，这也只能按经验给一个估计。这两个估计加一块变化范围就更大。部分植物配备蜂群的经验数据见表4-2，以供参考。在应用时可以根据实际情况适当调整。

表4-2　每群蜜蜂可承担的授粉面积

作物名称	面积(米²)	作物名称	面积(米²)
油菜	2 700 ~ 4 000	草木樨	2 000 ~ 2 700
紫云英	2 700 ~ 3 400	荞麦	2 700 ~ 4 000
苕子	2 700 ~ 3 400	向日葵	6 700 ~ 10 000
棉花	6 700 ~ 10 000	瓜菜	1 300 ~ 6 700
牧草	2 700 ~ 3 400	果树	3 400 ~ 4 000

注：引自吴杰、邵有全（2011）"奇妙高效的农作物增产技术：蜜蜂授粉"。

三、蜜蜂授粉工作的协调实施

受传统耕作模式影响，很多农民无法认识到蜜蜂授粉对增产、提高品质的重要性和必要性，少部分租蜂者缺乏正确、安全施用农药的意识，缺乏蜂群饲养经验，造成蜂群未完成授粉任务就大量死亡。推广蜜蜂授粉技术和推广农药、化肥等其他独立性较强的技术不同，除了引用技术本身外，还需要外界条件的配合，因此组织和协调工作是大面积推广蜜蜂授粉技术至关重要的一个环节。

（一）授粉协作方式

从经济利益原则，可将协作形式分为支持农业、互相依赖、租蜂授粉和自养蜂授粉四种形式。

1. 支持农业

这是目前主要的形式，在蜜源比较好的地区，养蜂者自主前往采蜜而完成授粉。这种合作主要是对流蜜比较好、面积比较大的作物而言，养蜂者可以获得可观的蜂产品收入。养蜂者是自愿去的，所以养蜂人员首先应主动宣传蜜蜂授粉的增产作用和防止蜜蜂中毒的注意事项。同时要注意周围环境的变化，若遇到喷施农药等不利条件时应积极主动和对方协调，请求支持，否则应采取转移的办法。

2. 互相依赖

蜜蜂授粉逐渐被人们所认识，在一些蜜源比较好又需要蜜蜂授粉的作物开花之前，种植户或农业主管部门为了增加产量，提高经济效益，会积极向养蜂场发出邀请，希望进场采蜜授粉，种植户或农业主管部门在授粉期间不向蜂场收取任何费用。有时还会帮助选择场地等，给养蜂者提供方便，花期结束后，积极为蜂场安排运输，帮助他们快速转移。养蜂场通过采蜜获得一定的经济收入，因此他们也不向农业主管单位和个人收取费用，这是目前推广蜜蜂授粉的主要合作关系。

3. 租蜂授粉

有些地方对蜜蜂授粉已有了充分的认识，通过蜜蜂授粉已获得明显的经济效益。他们种植的作物，蜜、粉欠佳，不能满足养蜂人的经济利益，养蜂人不愿无偿授粉，农作物种植者只能通过租用蜜蜂的办法给养蜂者一些经济补偿，目前在蔬菜制种以及果园生产都采取租蜂授粉的方式。

4. 自养蜂授粉

在蜜蜂授粉季节因交通不便或租蜂难以实现，再加上本地常年都有需要蜜蜂授粉的作物，租蜂授粉又不合算，为了保证自身的经济利益，提高农作物产量，也有些单位和个人采取自养蜂的办法来解决授粉的问题。

（二）蜜蜂授粉工作协调实施方法

建立完善的蜜蜂授粉工作机制有许多具体的环节：组建跨种植、养殖部门的技术推广机构，积极宣传和推广蜜蜂授粉农艺措施；改革蜜蜂饲养方式，保证授粉蜂群数量、保证农田生物需求；建立专业化授粉蜂的销售网点；研究部门制定科学、详实的应用技术标准；种植者提供维持蜜蜂生长发育的最佳授粉环境。

1. 加大蜜蜂授粉技术的宣传与推广力度

充分发挥政府职能部门和蜂业协会的职能，紧紧依托广播、电视、报纸、杂志、培训等途径，从发展生态农业、优质高效农业的角度，广泛宣传蜜蜂授粉的作用、重要性和必要性，将推广蜜蜂授粉作为转变养蜂生产方式、促进蜂业转型升级的一项重要工作内容，与建设高效生态农业、设施农业有机结合起来，进一步拓展蜜蜂授粉技术应用的广阔空间。

2. 加强蜜蜂授粉技术研究的深度和广度，完善配套管理技术

我国蜜蜂授粉产业存在着巨大的发展空间和潜力。蜜蜂授粉研究工作不仅仅局限于蜂学领域，它还涉及昆虫学、植物学、园艺学、果树学等领域，为了更好地开展蜜蜂授粉研究工作，离不开各领域的互相配合和通力合作，同时这也是蜜蜂授粉研究快速发展的一个重要保证。相关农业科研单位应加大科研开发的力度，筛选出适合不同环境条件和不同作物花朵的授粉蜂种，研究相应的授粉配套技术，实现授粉蜜蜂饲养简单化，以取得最佳的授粉效果。

3. 开展示范示教工作，加快推进蜜蜂授粉技术的普及与运用

建立一批专业化的蜜蜂授粉示范基地，逐步实现蜜蜂授粉产业化。选

择油菜、棉花、苹果、向日葵、草莓、西瓜、柑橘、枣等蜜蜂授粉增产提质作用明显的农作物品种，推广蜜蜂授粉技术。在蜜蜂授粉主要区域，将蜜蜂授粉技术列入农技推广示范的主推技术，加快普及应用步伐。普及授粉蜜蜂饲养技术，探索建立蜜蜂有偿授粉机制。通过召开经验交流会、现场会等形式，总结推广经验，用典型引路，不断提升蜜蜂授粉水平。

4. 加大政策扶持力度，充分发挥政策引导和带动作用

多渠道争取扶持政策和资金，发挥政策引导和带动作用。国家出台保护授粉的法规，从财政中拨付专款用于补贴为农作物授粉的蜂群。各级政府对蜜蜂授粉业进行政策性扶持，如禁止农户在授粉蜜源开花期施用农药、禁止使用激素蘸花等。

5. 建立中介服务组织，提供优良社会化服务

据李海燕统计中国蜜蜂授粉产生的价值达 3 042.21 亿元，农户是授粉的主要服务对象，78.87% 的农户认识到蜜蜂授粉能够增加农作物产量，62.37% 的农户将蜜蜂授粉看作像化肥农药一样的必要农业投入，68.04% 的农户认为政府应该开展蜜蜂资源保护工程并愿意为此支付一定的费用。但只有16.49% 的农户打算在农业生产中租蜂授粉并为此支付一定的费用。政府应该在蜜蜂授粉事业发展中起主导作用，扶持养蜂合作组织、培育新型的蜜蜂授粉主体，形成一批专业化的授粉蜂场，建立专业化授粉公司和授粉服务中介机构，完善市场信息咨询、技术服务体系，指导做好授粉蜂的品种选择、饲养管理和授粉蜂数量等工作。统一租蜂授粉，实行分工合作，利益共享。

6. 推进养蜂员年轻化

养蜂员老龄化，弃蜂转业，正是我国目前所面临的严峻局面，不得不引起我们的重视。中国蜜蜂授粉产业需尽快实现机械化、规模化，让年轻人看到蜜蜂授粉产业的优势和吸引力，让更多的年轻人将蜜蜂饲养与授粉作为事业。

7. 突破环境制约、保护传粉昆虫的多样性

长期以来，农业生产大量依赖农药、化肥、生长素等，广泛使用除草剂、杀虫剂。很多农民在作物花期使用高毒性农药，造成大量授粉蜂群农药中毒死亡，蜂农损失惨重，但往往得不到应有的经济赔偿，使得蜂农不敢放手授粉。应逐步改变农民用药方式，以更适合蜜蜂授粉。

全世界各地的证据都表明，由昆虫授粉的农作物产量连年下降，并且越来越变化无常，在耕作集约化程度最高的地区尤其如此。这是传粉昆虫数量严重不足造成的。如果再对农作物频繁地施用杀虫剂，对农业生产至关重要的传粉昆虫更无法生存。只有真正认识到它们的重要性，并为它们提供生存所需的条件，我们才能继续享受这样的服务。

8. 规避风险、签订授粉合同

为了保证养蜂人和农民双方的利益，使授粉工作顺利进行，双方应事先签订书面合同，将双方的责任在合同中载明，便于双方共同遵守。在合同中应明确以下几个主要内容：

（1）合同的主体　在合同中应写清养蜂者和租用者的单位、姓名、地址、联系方法。

（2）蜂群数量和标准　双方应根据作物确定蜂群数量和蜂群标准。

蜂群是以群计,易直观控制。蜂群标准很关键,是蜂群授粉效果好坏的主要指标。麦格雷戈等建议采用群势单位来计算,即蜂群内有1足框蜂或者有1足框封盖子脾就是一个单位,例如,一群蜂有17张满蜂巢脾,其中8张上面有封盖子,就算是一群有25个单位的蜂群。在春季授粉蜂群的授粉单位要求在15个左右,但夏秋季应高些,以25个以上为宜。还有人提出将子脾面积(数量)作为蜂群授粉能力等级的标准。不论采用哪一个标准都应该在合同中明确规定。一般情况下蜂群运到以后租用者可随机抽查,对蜂群评等定级。

(3)租金的标准和支付办法 在合同中应该载明每群蜂或授粉单位的租金,蜂场到授粉地后,双方对蜂群质量和数量共同鉴定,然后与合同指标对照。在合同中还应约定租金支付办法,一般采用预付、到场支付50%或者授粉完成后一次性支付三种方式。

(4)进入授粉场地的时间 可采取提前准确约定,指定在几月几日至几日到达,也可采用合同预约大概时间,准确时间另行约定。但最重要的是约定授粉总时间为多少天,若超过应补付租金。一般进场时间应根据授粉对象来定,梨树在25%的花开放时蜜蜂运到最好,樱桃一开花就应进场。

(5)养蜂者在授粉期间的责任 应将蜂群调整到最佳的授粉状态,加强管理,保证有足够的蜜蜂出巢采花授粉。

(6)租用者的责任 应保证在授粉期间不喷洒农药,并说服邻居不喷洒农药,若违约应承担什么责任。并负责协调解决养蜂人与当地有关机关或个人发生的矛盾。

专题五

蜜蜂授粉增产技术

　　蜜蜂授粉对提高农作物产量、改善果实品质有显著的作用，广大授粉科技工作者针对各类作物的具体特点、气候因素，对利用蜜蜂授粉进行了大量的试验，取得一系列进展，积累了一手资料，总结并开发了相关配套技术，摸索和研究出了一套比较成熟的授粉增产技术。本专题对作物分种类进行了研究成果实例介绍，以期为读者提供参考。

一、果树类增产技术

（一）苹果

苹果产业在全国果树格局中占据重要地位，苹果是我国北方的主栽果树，是主产区农民增收的支柱产业。大多数的苹果品种只有接受不同品种的花粉才能结实，来自同一品种中的同株或异株上的花粉不能使子房生长和受精。苹果花有 5 个雌蕊，每个雌蕊有 2 个胚珠。试验证明，每个苹果内有 8 粒以上的种子，果实生长平衡，不会产生歪果。近些年由于果树面积发展快，全国大部分地区自然授粉昆虫较少，满足不了苹果授粉需要，多数的苹果品种，蜜蜂采蜜时必须用口器在花的雄蕊和雌蕊之间舔吸，这样来回穿越的过程，蜜蜂身上带的花粉起到了传粉的作用。苹果人工授粉见图 5-1，蜜蜂授粉分别见图 5-2、图 5-3。

图 5-1　红富士苹果人工授粉（武文卿　摄）

图 5-2　蜜蜂采集苹果花朵（张旭凤　摄）

图 5-3　苹果蜜蜂授粉（邵有全　摄）

蜜蜂采集苹果花的规律是：6:00 以前和 18:00 以后几乎不活动，6:00 ~ 7:00 有少数活动，7:00 以后活动迅速增多，一天内最多的时间是 7:00 ~ 11:00，占全天活动的 53.35%，15:00 以后逐渐减少，18:00 以后基本不出巢。

张贵谦（2013）利用蜜蜂为红富士、金冠苹果授粉对比试验报告表明：红富士蜜蜂授粉较自然授粉坐果率提高了 46.78%，差异极显著；而金冠蜜蜂授粉较自然授粉坐果率提高了 1.11%，差异不显著。因此，在自然授粉状态下，即使配备足够的授粉树，红富士苹果的坐果率仍然极低，无法满足生产中的需要，必须要进行蜜蜂授粉或人工授粉。而在有授粉树的自然状态下，金冠苹果的坐果率完全能够满足正常生产的需要。不论采用何种授粉方式，金冠的坐果率远远大于红富士的坐果率，说明红富士对蜜蜂的授粉依赖性强。蜜蜂授粉的红富士苹果和自然授粉相比较，个体重差异不明显，但蜜蜂授粉的果实个体间大小差异小，果实均匀；畸形果数量少，畸形果率降低了 22.43%；单株产量蜜蜂授粉的比自然授粉的提高 21.40千克，每公顷提高 14 124 千克。金冠苹果蜜蜂授粉果实均匀度、果形都不同程度优于自然授粉，单株产量蜜蜂授粉的比自然授粉的提高 6.43 千克，每公顷提高 4 243.80 千克。

近年来山西省苹果花期气候的多变造成了苹果总产量的不稳定。山西农科院园艺研究所邵有全（2008）应用蜜蜂为大田苹果授粉，花期前连续降雨、雨后大风降温，形成霜冻，严重影响了苹果花授粉，造成该地区红富士和新红星两个品种坐果率明显下降、总产量大幅降低。但是采用蜜蜂授粉的果园增产效果十分显著。由表 5-1 可知，红富士蜜蜂授粉组的坐果率比自然授粉组的坐果率提高 159.7%，新红星蜜蜂授粉组的坐果率比自然情况下授粉组的坐果率提高 309.4%。

表 5-1　蜜蜂授粉与自然授粉坐果率对照表

品种	红富士		新红星	
授粉方式	蜜蜂授粉	自然授粉	蜜蜂授粉	自然授粉
样本总数(朵)	1 004	1 044	1 258	1 098

品种	红富士		新红星	
授粉方式	蜜蜂授粉	自然授粉	蜜蜂授粉	自然授粉
坐果数（朵）	240	96	438	93
坐果率（%）	23.9	9.2	34.8	8.5

由表 5-2 可知，随着蜜蜂授粉次数的增加，坐果率也明显增加，一定程度上二者变化具有相关性。因此，保证一定的授粉次数是提高坐果率的有力措施。

表 5-2　不同授粉次数坐果率比较

授粉次数（次）	3	5	7	9
样本总数（朵）	72	100	138	56
坐果数（朵）	8	19	30	14
坐果率（%）	11.1	19.0	21.7	25.0

由表 5-3 可知，两个品种的授粉试验中，红富士品种蜜蜂授粉组的平均单株总产量 69.80 千克约是自然授粉组 31.88 千克的 2.19 倍。新红星品种蜜蜂授粉组的平均单株总产量 87.50 千克约是自然授粉组 34.13 千克的 2.56 倍。因此，应用蜜蜂为苹果授粉可以明显地提高产量。

表 5-3　果实总产量对照表

品种	红富士		新红星	
授粉方式	自然授粉	蜜蜂授粉	自然授粉	蜜蜂授粉
总产量（千克）	4 495.29	279.21	136.50	87.50

品种	红富士		新红星	
授粉方式	自然授粉	蜜蜂授粉	自然授粉	蜜蜂授粉
株数（株）	141	4	4	1
平均单株总产量（千克）	31.88	69.80	34.13	87.50

蜜蜂授粉试验组的果形指数0.8282小于自然授粉实验组的果形指数0.8516，蜜蜂授粉的果实外形更接近圆形。经测定，蜜蜂授粉组与自然授粉组样本的着色指数分别为67.33%、47.33%，可见蜜蜂授粉组果实的发育快于自然授粉组。可溶性固形物含量与酸度的比值反映了果实口感的好与坏。《绿色食品苹果》（NY/T 268—1995）中规定了红富士品种果实的固酸比≥0.35。由表5-4可知，蜜蜂授粉组果实的固酸比为0.4098±0.076，显著高于自然授粉组0.3334±0.060（$P < 0.01$），说明蜜蜂授粉组的果实口感要明显好于自然授粉组。

表5-4　蜜蜂授粉与果实品质化学指标的关系

授粉方式	固形物（%）	酸度	固酸比
蜜蜂授粉	13.5±1.634	0.3374±0.052	0.4098±0.076
自然授粉	13.93±1.337	0.4259±0.069	0.3334±0.060

注：固形物代表可溶性固形物含量，酸度代表可滴定酸含量，固酸比为可溶性固形物含量与可滴定酸含量的比值。

申晋山（2011）进行了蜂场规模对苹果授粉效果的研究，蜂群放置于苹果田相对空旷的地方（放置20群蜂位置如图5-4），便于蜜蜂的起飞。设置7个取样点，在距离蜂群0米、50米、100米、150米、200米、250米、

300 米处各设置 1 个调查点。各调查点分别选取品种、树势、树龄、大小年比较一致的 1 棵苹果树。结果表明 2009 年，20 群蜂与 50 群蜂在 0 米处访花蜜蜂量最大，坐果率最高，随着距离的增加，访花蜜蜂量逐步减少，坐果率逐步降低。在同一距离内，蜂群不同，访花蜜蜂量不同，规模大的蜂群比规模小的蜂群访花的蜜蜂量多。在蜜蜂为红富士苹果授粉中，苹果树若为大年时，20 群蜂的最佳授粉半径为 150 米，50 群蜂的最佳授粉半径为 200 米，在实际放蜂为苹果授粉时宜选用 50 群蜂。2010 年 2 个蜂场的坐果率都高于 2009 年，这是由于 2009 年大部分果树处于大年，而 2010 年苹果树处于小年，很多果树花量小或者不开花，同样的距离总花量却少于 2009 年，因此，蜜蜂的采集授粉距离加大，导致远距离的坐果率较高。因此，蜜蜂为红富士苹果授粉，苹果树若为小年时，20 群蜂与 50 群蜂的最佳授粉半径较大年时都相对扩大，在实际放蜂为苹果授粉时宜选用 20 群蜂。

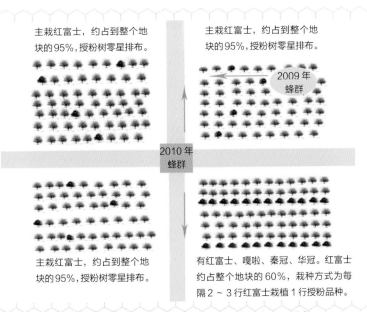

图 5-4　蜂群位置与授粉树比例示意图（郭宝贝　绘）

申晋山（2016）为了了解苹果花期利用蜜蜂授粉时最合理的蜂群摆放方式，以红富士苹果为试材，针对两种情况进行了研究：授粉树配比相同时，15群蜜蜂采用蜂群集中和分散摆放方式摆放在苹果园内；授粉树配比不同时，50群蜜蜂采用蜂群集中摆放方式，每隔15株果树设置一个观察点，每个方向设置5个观察点。调查苹果的坐果率，结果表明，除个别点之外，其余各点的坐果率均是分散摆放高于集中摆放；利用50群蜜蜂为苹果授粉，从0～300米处，授粉树配比1：4与1：10处理均为随着距离的增加，坐果率逐步降低。在苹果花期采用蜜蜂授粉时，蜂群分散摆放效果明显优于集中摆放，授粉树配比充足时可适当减少蜜蜂群数。

总体来说，在红富士苹果蜜蜂授粉的过程中，蜂群的规模、距离、摆放方式、授粉树多少等因素都会对坐果率造成影响。在实际放蜂为苹果授粉时，除授粉树配置外，还必须综合考虑到果树大小年的不同、管理条件的差异、苹果田整体树势的差异、总花量的不同以及气候因素等。当授粉树配置充足、管理条件优异、苹果树树势强壮、处于小年、总花量偏少时，可适当减少放蜂数量；当授粉树配置稀少、管理条件差、苹果树树势弱、处于大年、总花量较多时，必须增加放蜂数量。蜜蜂授粉后苹果结实状及大丰收见图5-5、图5-6，苹果不同品系授粉试验见图5-7，苹果蜜蜂授粉示范基地见图5-8。

图 5-5　蜜蜂授粉后的苹果结实状（邵有全　摄）

图 5-6　蜜蜂授粉的苹果大丰收（邵有全　摄）

图 5-7　苹果不同品系授粉试验（邵有全　摄）

图 5-8　苹果蜜蜂授粉示范基地（邵有全　摄）

（二）梨

梨是我国主要栽培果树之一，在南北方均有种植。梨属于异花虫媒植物，生产中需要昆虫传粉来授精（图5-9），但近年来梨种植面积的不断扩大，加之全球存在的环境恶化、植被破坏及农药致死等原因，导致梨野生传粉昆虫相对不足，授粉问题日益困扰广大梨农。农民及科技人员采用人工授粉、液体喷花等方式进行授粉，但这些方式操作繁杂、需要人力多，授粉成本逐年上升，见图5-10、图5-11、图5-12。

图 5-9　收集蜜蜂采集梨花花粉（张旭凤　摄）

图 5-10　梨人工授粉制作花粉（武文卿　摄）

图 5-11　梨花期运送人力前往授粉场地（邵有全　摄）

图 5-12　梨人工授粉现场（邵有全　摄）

郭媛（2013）采用半离体培养法和联苯胺－过氧化氢法研究了砀山酥梨花粉萌发特性、柱头可授性及蜜蜂授粉特性。结果表明砀山酥梨在开花后 4 ～ 5 天柱头活性最强，最适合授粉受精；每天 11:00 ～ 15:00 柱头黏液分泌旺盛，是最佳授粉时间，这一时间也是蜜蜂活动最积极的时间；对花粉萌发及花粉管生长最有利的温度为 22 ～ 25℃，蜜蜂采集最适温区为 20 ～ 25℃；梨树花器官活性最强、最佳生长时间和温度与蜜蜂的最适活动时间和温度完全一致，说明二者在协同进化的过程中已经形成了高度的一致性，蜜蜂为梨授粉是完全可行的，见图 5-13 至图 5-15。

图 5-13　泌蜜梨花（邵有全　摄）

图 5-14　蜜蜂为梨授粉（邵有全　摄）

图 5-15 梨授粉蜂场（邵有全 摄）

　　郭媛（2015）以砀山酥梨和意大利蜜蜂为试验材料，考察蜂群入场时间对蜜蜂采集梨花粉的影响。结果表明，梨末花期散粉量大，蜜蜂采集的花粉最多；在蜂群入场第 1 天，采集梨花粉的重量与开花量呈正相关，且初花期、盛花期入场蜂群采集梨花粉的比例高于其他时间入场蜂群；在同一天内，初花期入场蜂群采集梨花粉的重量和比例高于其他时间入场蜂群；蜂群采集梨花粉的高峰在 12：00 ~ 13：00；初花期、盛花期入场蜂群对梨花粉采集好于其他时间入场蜂群，授粉效能也优于其他时间入场蜂群。研究认为，蜂群在梨初花期即开花 20% 左右入场，可以达到梨最佳授粉效果。

　　因为梨授粉在早春，且蜜少粉多，蜜蜂不爱采集，早春蜂群正处于更替或春繁阶段，为了保证授粉效果，春繁前蜂群应达到 4 ~ 5 脾蜂，待给梨授粉时群势可达 8 ~ 9 脾蜂，蜂群处于最佳状态。建议梨花期蜂群采用分区管理的办法。在梨树开花时将巢箱分为 2：7 区管理，梨花期将蜂王放在蜂箱的一边作为蜂王产卵区，小区内放 2 张空脾供蜂王产卵，在大区靠隔王板的地方，放 1 张储粉用空脾，授粉 7 天后，将小区的虫脾与大区的空脾对调一次。在梨授粉期间，每天喂糖浆，调动蜜蜂授粉的积极性，在梨开花达20%以上时，将蜂群放到梨园。蜂场应分小组摆放，每公顷梨放蜜蜂10～12群，尽量去除梨园周边的竞争花，如梨园附近有油菜等竞争花，应增加蜂群数量。山西省运城市梨树授粉强度试验，见图5-16。

图5-16 梨授粉试验场景（张旭凤 摄）

蜜蜂授粉不仅可提高梨树的坐果率和产量（图5-17），而且还可把蜜蜂采回的花粉，提供给其他地区进行人工授粉，这样可大大降低人工采集花粉的成本。

图5-17 蜜蜂授粉后梨丰收（邵有全 摄）

（三）桃

桃花单生，雌雄同花，雌蕊1个，雄蕊多个，在没有昆虫授粉的情况下，往往能够自花授粉，自花授粉的结果率低，化果率高，果实较小，产量较低。为此，在桃花期加强授粉措施，不仅可以提高桃的坐果率，增加产量，而且还可以减少畸形果，提高质量。油桃是桃的一个变异品种，花单生或1～3朵多生于叶腋，先叶开放，雌雄同花，雄蕊多数，异花授粉；核果卵球形，色泽鲜艳而有光泽，果肉多汁，味美。油桃主要通过昆虫授粉或人工授粉来完成其授粉受精，见图5-18。温室油桃上市早、价格高，温室油桃种植成为农民增收的新途径。然而，温室油桃的授粉问题成为制约油桃规模化种植、生产、销售与增收的一大技术障碍。

图 5-18　蜜蜂为桃授粉（邵有全　摄）

张中印（2003）利用蜜蜂为温室油桃进行授粉试验，通过加强蜂群管理，控制温室内的温度、湿度、空气等技术参数，使蜂群繁殖正常，成年蜜蜂损失小于30%；温室油桃蜜蜂授粉与温室和大田油桃人工授粉比较，产量分别提高66.7%和45.5%，增加效益68.1%和238.3%，单果平均重168

克。油桃在不同生长环境和不同授粉的效果比较见表 5-5。

表 5-5　油桃在不同生境和不同授粉的效果比较

环境	品种	面积(米²)	授粉时间	坐果率(%)	疏果率(%)	平均果重(克)	畸形果率(%)	667米²产量(千克)	上市时间	价格(元/千克)	授粉费用(元)	温室折旧费用(元)	667米²产值(元)
温室蜜蜂授粉	曙光、华光	667	2月1日至10日	74	75	168	5~6	1 600	4月17至30日	18	100(2群蜜蜂)	3 000	28 800
温室人工授粉				34		147		960					15 280
大田人工授粉		1 801	2月下旬至3月上旬	41		148		1 100	5月底	7	350(35个工作日)		7 700

历延芳（2005）用蜜蜂为大棚桃树授粉，研究结果表明，蜜蜂授粉比人工授粉增产 41.5% ~ 64.6%。大棚的自花授粉树落果率较高，基本没有产量。蜜蜂授粉的桃子个头明显大于人工授粉的，且桃子的大小均匀，果实形状较好，发育较快，果实成熟期比人工授粉早 6 ~ 8 天；桃子的畸

形果率蜜蜂授粉为5%，人工授粉为15%，有蜂授粉比人工授粉畸形果率降低10%，自花授粉树畸形果占50%以上，并有90%的落果。

阿布都卡迪尔（2006）对大棚设施栽培的桃进行了蜜蜂授粉研究，试验结果表明，2004年单株坐果数36个，比采用激素坐果的提高50.6%；2005年蜜蜂授粉单株坐果数49个，比人工授粉的提高51.2%。2004年每亩产桃822.6千克，产值6 580.8元，效益5 947.8元，比采用激素辅助坐果的产量高333.5千克，增产40.5%，效益3 409.8元；2005年每亩桃产量1 122.8千克，产值8 982.4元，比采用人工授粉的产量高588.7千克，增产52.4%，效益增加3 976.6元。放蜂授粉的桃果形整齐，果皮光洁度好，汁多，糖度高，风味好。2004年阳面平均含糖量为13.2%，背阳面11.8%，分别比激素坐果的高1.2%和0.9%。2005年阳面平均含糖量为13.8%，背阳面11.9%，分别比人工授粉的高1.6%和0.9%。

中蜂是我国独有的蜂种，具有许多独特优良种性，适应性及抗病力强、善于采集零星蜜源、耐低温，是冬季及早春温室（大棚）作物授粉的理想蜂种。罗建能（2005）开展了利用中蜂授粉、人工授粉、自然授粉三种方式的试验，并且对温室内蜜蜂蜂群管理技术和提高蜜蜂授粉能力进行了研究。结果表明，中蜂组的油桃坐果率比人工授粉组、自然授粉组分别提高13%和30%，效益比人工授粉组和自然授粉组分别增长25.4%和76.8%，而且中蜂组的果实大而饱满，商品性好。中蜂授粉的温室油桃成熟期平均提前3～5天。说明利用中蜂为温室油桃授粉，不仅能够促进坐果，提高产量，而且可以改善果实品质，提升产品附加值。大棚油桃不同授粉方式效果比较见表5-6。

表 5-6　大棚油桃不同授粉方式效果比较

品种	授粉时间	授粉方式	坐果率（%）	平均单果重（克）	产量千克（亩）	经济效益（元/亩）
白玉1号、2号	3月11～20日	蜜蜂授粉	65	95	1 560	10 080
		人工授粉	52	91	1 340	8 040
		自然授粉	35	85	950	5 700

授粉蜂群的管理：授粉蜂群在温室油桃始花前 2 ～ 3 天搬入大棚，固定于0.5米高的架上。授粉蜂群放置好后，不要马上打开巢门，应进行 5 ～ 6 小时短暂的幽闭，让蜜蜂有改变了生活环境的感觉。然后只开一个刚好只能让一只蜜蜂挤出去的小缝，经过 2 ～ 3 天试飞，便可授粉。为了提高授粉效果，用油桃的花蕾在 1：1 的糖水中浸泡一夜，然后过滤去花蕾后，用此糖水喂蜂或喷于油桃的花蕾上，连续 5 ～ 6 天，刺激蜜蜂出巢采集授粉。还可在靠隔板外侧放置喂水器，加入 0.5％ 食盐水。授粉蜂群应由大量幼蜂和已经排泄飞翔但未参加采集的工蜂组成，而不是成年的老蜂，避免发生成年的老蜂因趋光性直接飞撞塑料大棚。蜂群大小要视大棚面积大小而定，一般一亩大棚配 1 ～ 2 个授粉专用蜂箱的中蜂。

桃树花期蜜多粉多，不仅桃花有蜜有粉，而且叶芽上分泌黏性甜液，吸引蜜蜂采集，一般能够满足授粉蜂群繁殖所需花粉和部分饲料蜜，如果授粉蜂群管理得当，群势不仅不下降，而且有所增长。受大棚栽培条件影响不同，大棚桃树开花时间差距较大，为此，可以利用一个蜂群连续为多个大棚授粉，提高授粉蜂群的利用率。

（四）柑橘类

郑军（2015）对秭归县柑橘蜜蜂授粉与绿色防控技术集成效益进行了研究。测产结果表明，蜜蜂授粉树产量高于网罩处理树。秭归县王家桥点和郭家坝点折合亩产量分别增加 154 千克和 152.3 千克，分别增产 4.96%和 5.00%。2015 年脐橙株产量抽样测产平均值见表 5-7。

表 5-7　2015 年脐橙株产量抽样测产平均值

处理	单株果数（个）	平均纵径（毫米）	平均横径（毫米）	单果重（克）	单株产量（千克）	亩产量（千克）
授粉处理 I	189.25	73.225	68.8	246.125	46.525	3 256.75
授粉处理 II	173.75	79.25	70.85	262.95	45.65	3 195.5
网罩处理 I	182	73.575	72.4	243.7	44.325	3 102.75
网罩处理 II	161	82.4	74.575	270.1	43.475	3 043.25

品质检测结果表明：授粉果与非授粉果在可溶性固形物、维生素 C、可溶性糖、苹果酸、风味等项目上差别不明显。授粉果外观品质明显改善，I 级果率高 7.3%。2015 年脐橙授粉果与非授粉果优质果率统计见表 5-8。

表 5-8　2015 年脐橙授粉果与非授粉果优质果率统计表

项目	总果数（个）	I 级果率（%）	II 级果率（%）	III 级果率（%）	IV 级果率（%）	V 级果率（%）	经济值
授粉树	1 452	49.9	26.7	10.7	7.3	5.4	28 926.0
罩网树	1 372	42.6	28.4	13.8	7.7	7.5	23 009.2
价格（元/千克）		4.8	3.6	2.8	1.2	0.4	

锦橙是我国柑橘优良品种之一，也是出口的主要品种。在生产上锦橙开花多，坐果率低，不能高产，是授粉不足所致。四川省农科部门曾进行人工授粉试验，坐果率和产量都得以提高，但因锦橙花期短，大面积种植后，采用人工授粉有困难。王瑞生（2009）选用 8 ~ 10 年长势一致的蓬安 100 号锦橙为试材，研究发现蜜蜂授粉对生理落果后的坐果率的影响不显著，但显著增加了谢花后的果实坐果率及成熟时的坐果率，说明蜜蜂授粉具有提高果实坐果率的作用。与对照组比较，经蜜蜂授粉后的果实坐果率明显提高，提高约 155%（$P=0.016$）；果实总产量明显提高，提高约 59.7%（$P < 0.001$）；一级果品产量明显提高，提高约 29.9%（$P=0.035$）；果实种子数明显提高，提高约 140%（$P=0.018$）；果汁维生素 C 含量明显上升，提高约 22.5%（$P=0.03$），果形指数明显下降，降低约 5.40%（$P < 0.001$）；果心明显减小，降低了约 14.0%（$P=0.01$）。

（五）猕猴桃

猕猴桃是雌雄异株，雌株上的花需要雄株的花粉授粉（图 5-19、图 5-20）。猕猴桃花大，乳白色，直径 3 ~ 5 厘米，具有 5 或 6 个花瓣，花期 2 ~ 6 周。不论雌花还是雄花泌蜜量都很低。蜜蜂采访猕猴桃，在 9：00 ~ 11：00 数量最多，午后逐渐减少，可持续活动到 18：30 以后。在上午阴雨下午转晴的天气，采集高峰随一天中天气转晴时间向后推迟。通过对网内隔离蜜蜂的观察，发现采集雌花蜜蜂足上的花粉团颜色为乳白色（图 5-21），采集雄花蜜蜂足上的花粉团颜色为米黄色，少数蜜蜂足上携有混合花粉。在雌雄树枝交叉处，同一只蜜蜂每次出巢既采集雄花又采集雌花，但一般情况下大多数蜜蜂习惯于采单性花。每一朵花可在短时间内被蜜蜂采访多次，采访的时间可以持续数秒至1分。有人认为蜜蜂是在巢房里完成授粉的，采雄花的蜜蜂回到巢中脱下花粉团，将花粉散落在蜜蜂巢内其他采访蜂身上，当蜜蜂再出去采雌花时将花粉散落到雌花上，见图5-22。

图5-19 初开的猕猴桃雌花（颜志立 摄）

图5-20 猕猴桃雄花（颜志立 摄）

图 5-21　蜜蜂采集猕猴桃花朵，足上携带白色花粉（邵有全　摄）

图 5-22　蜜蜂为初开的猕猴桃雌花授粉（颜志立　摄）

朱友民（2002）用中蜂、意蜂为 79-3 中华猕猴桃、徐香猕猴桃授粉与隔离条件下人工授粉对比，对猕猴桃的坐果率、产量和品质进行了研究，见表 5-9。79-3 中华猕猴桃网内人工授粉坐果率为 40.69%；网内中蜂授粉坐果率为 67.94%，比人工授粉组高 27.25%；网外用意蜂授粉坐果率为 44.14%，比人工授粉组高 3.45%。

表 5-9　79-3 中华猕猴桃坐果情况表

网内中蜂授粉组				对照组（人工授粉）				网外意蜂授粉组			
株数（株）	花蕾数（个）	果数（个）	坐果率（%）	株数（株）	花蕾数（个）	果数（个）	坐果率（%）	株数（株）	花蕾数（个）	果数（个）	坐果率（%）
4	1 734	178	67.94	4	1 713	697	40.69	2	1 058	467	44.14

　　徐香品种网内人工授粉（图 5-23）坐果率为 56.18%。网内意蜂授粉坐果率为 81.91%，比人工授粉组高 25.73%；网外用意蜂授粉坐果率为 86.92%，比人工授粉组高 30.74%，数据见表 5-10。网内未进行人工辅助授粉的坐果率为 10.00%。由此可见，只要花期温度适合蜜蜂飞行，利用蜜蜂为猕猴桃授粉其坐果率能比人工授粉提高 25% 以上。

图 5-23　猕猴桃人工授粉（邵有全　摄）

表 5-10　徐香猕猴桃坐果情况表

网内意蜂授粉组				对照组（人工授粉）				网外意蜂授粉组			
株数（株）	花蕾数（个）	果数（个）	坐果率（%）	株数（株）	花蕾数（个）	果数（个）	坐果率（%）	株数（株）	花蕾数（个）	果数（个）	坐果率（%）
7	492	403	81.91	7	461	259	56.18	2	214	186	86.92

79-3 中华猕猴桃，蜜蜂授粉的 70 克以上商品果总量为 25.7 千克，比人工授粉的 23.985 千克增产 7.15%；其中蜜蜂授粉的 80 克以上优质商品果总量为 18.255 千克，比人工授粉的 17.125 千克增产 6.60%；徐香品种蜜蜂授粉的 50 克以上商品果总量为 7.6 千克，比人工授粉的 5.775 千克增产 20.17% ~ 64.97%，取蜜蜂授粉和人工授粉的果重 100 克的 79-3 中华猕猴桃商品果各 10 个检测种子数，蜜蜂授粉的种子数平均为 408 粒，人工授粉的平均为 394 粒。蜜蜂授粉的 79-3 中华猕猴桃商品果糖分、总酸与维生素 C 含量分别为 10.2%、1.4% 和 59.0 毫克 /100 克；人工授粉的商品果糖分、总酸与维生素 C 含量分别为 10.6%、1.4% 和 54.5 毫克 /100 克。二者均在正常值范围。

黄康（2016）在猕猴桃开花前，把试验田分为蜜蜂自然授粉、蜜蜂强制性授粉和无蜂授粉三个区。然后测定坐果率、畸形果率、商品果产量、商品果种子数和品质方面等指标。对比试验结果表明：网内中蜂授粉试验组坐果率比人工授粉组高 33.00%；网外以意蜂为主自然放蜂授粉试验组坐果率比人工授粉组高 6.01%。网内试验组畸形果率比人工授粉组降低 40.11%；网外试验组畸形果率比人工授粉组降低 28.18%。蜜蜂授粉的 70

克以上商品果比人工授粉的增产 13.65%；其中蜜蜂授粉的 80 克以上优质商品果比人工授粉的增产 8.96%。

蜜蜂为猕猴桃授粉时要注意放蜂密度，建议园内按 8 群 /0.4 公顷的密度放入蜂群，若蜂群密度过高，对生产无益。河南李晓锋研究认为每公顷放 10 群蜜蜂授粉最好。当然，授粉蜜蜂的具体放蜂密度还受到周围同花期其他蜜粉源植物的影响，在周围其他蜜粉源丰富的情况下，应适当提高放蜂密度。猕猴桃蜜蜂授粉后结实状见图 5-24。

图 5-24　猕猴桃蜜蜂授粉后结实状（邵有全　摄）

在生产中发现蜜蜂采猕猴桃花积极性不仅与群内子脾数量、储粉状况、采集蜂数量有关，更与这群蜂是否经过猕猴桃花的刺激训练有关。由于早熟猕猴桃花期正值柑橘类、紫云英等蜜源植物同时开花，造成不同蜜粉源植物种类花间竞争，加上猕猴桃花无蜜，自然状况下，蜜蜂采集积极性不是很高。在蜜蜂采集猕猴桃花时候巢门口观察，在网内长时间被隔离采集猕猴桃花的 1 群意蜂在 10 分内有 269 只采粉蜜蜂，其中采集猕猴桃花的有 189 只，占 70.26%；而未经隔离的 1 群意蜂在 10 分内只有 97 只采粉蜜蜂，其中采集猕猴桃花的只有 47 只，占 48.45%。

（六）荔枝

荔枝花为杂性，有雌花、雄花和两性花等，通常雄花先开，雌花后开，有花蜜分泌，但花粉不足。在我国荔枝的种植区，普遍存在"花而不实"的现象。其原因主要是天气影响，花期前期的阴湿低温天气，使得雄花花粉不能正常成熟；花期连续的阴雨天气，使花药不能正常崩裂释放花粉，也就无法完成传粉。这些都导致荔枝坐果率低，产量低，为此，研究人员开始尝试和研究利用蜜蜂为荔枝授粉（图 5-25），取得了不错的效果。

图 5-25　蜜蜂为荔枝授粉（邵有全　摄）

李紫伦（2002）在广西北流市实施蜜蜂授粉技术取得了成功，见图 5-26。经蜜蜂授粉荔枝坐果为 5.525 个 / 梢，与自然授粉的 4.125 个 / 梢相比，坐果率提高 33.94%。当年组织了 5.4 万群蜜蜂对 9 000 公顷荔枝果树进行授粉，荔枝平均产量725.4千克/667米²，与全市平均产量523.5千克/667米²相比，增产201.9千克，提高了38.57%，荔枝产量增加2726万千克，增加产值3271.2万元（按1.2元/千克计）。蜂蜜生产也取得丰收，群均取蜜4～6次，群均产蜜17.5千克，授粉区蜂群产蜜94.5万千克，按10元/千克计，产值945万元。实现了荔枝果、荔枝蜜双丰收，取得了较好的经济、社会和生态效益。

图5-26　蜜蜂采集荔枝花朵（邵有全　摄）

蜜蜂为荔枝授粉蜂箱布置见图5-27。

图5-27　蜜蜂为荔枝授粉蜂箱布置（邵有全　摄）

吴杰等（2003）在福建漳州对不同群势的中华蜜蜂的授粉行为、坐果率的研究结果（表5-11）表明，有王群比无王群采花蜂数和朵数分别高出339.39%和480.75%；有王群为荔枝授粉，坐果率比对照组提高816.67%，无王群比对照组提高705.56%；有王3足框、2足框和无王3足框授粉后荔枝产量分别比对照组增产4.17、3.79、3.13倍；有王3足框、2足框、无王3足框授粉后荔枝单果重与对照组相比分别提高6.63%、6.21%、5.61%；有王蜂群、无王蜂群和不同群势蜂群授粉对荔枝可食率、维生素C含量影响差异不显著。

表5-11 不同蜜蜂群授粉对荔枝坐果的影响

群势	雌花数	坐果数	坐果率（%）
有王群3足框	788	39	4.95
有王群2足框	805	35	4.35
无王群3足框	526	13	2.47
对照组	558	3	0.54

在荔枝花有5%开放时，蜜蜂进场，选择晚上或者凌晨，蜜蜂没有活动时，安置好蜂箱，每公顷配备6～7群蜜蜂即可保证充分的授粉。大面积种植区，每隔1～2千米摆放一组（6～7群），蜂箱巢门向内围成一圈。要求授粉蜂群为中等群势，群内有适当比例的卵、幼虫及封盖子。荔枝花期一般多连阴雨，雨水很容易冲洗花朵，使得花蜜稀薄，蜜蜂采集不积极。所以应每隔2～3天开箱查看群内的状况，如有储蜜，视天气和花期决定是否取蜜，一定得保证蜂群有足够饲料。

（七）其他果树

科研工作者还进行了杧果、李、柿、石榴、枣树的蜜蜂授粉技术研究。

杧果是典型的虫媒花植物，杧果的自然授粉主要依赖蝇类和蚂蚁，蜜蜂不喜欢在杧果花上采集的原因是杧果开花，但不流蜜，只有少量花粉；杧果开花后散发出一种漆酸味，蜜蜂不喜欢这种酸味；杧果花分泌有黏性的物质，影响蜜蜂采食。杧果的授粉效果不理想成为坐果率及产量低的主要原因。应用经过训练的蜜蜂来授粉（图5-28），实现异株异花授粉后果实的品质大大优于蚂蚁授粉。杨秀武（1998）在海南率先使用食料诱导对蜜蜂进行驯化，具体方式是：蔗糖、诱导剂和水按50：1：49比例配合，在每天17:00饲喂蜂群，第二天即可见到蜜蜂到杧果花采集花粉。经观察统计：每只蜜蜂每分钟访花30～40朵，每天工作10小时，而且采集专一，可以成为杧果花期授粉的优势昆虫。秋杧果和椰香杧果两个品种经蜜蜂授粉后，花序坐果率分别是没有蜜蜂授粉的418.6%和332.1%，可见，经蜜蜂授粉后，杧果的坐果及增产效果显著。杧果开花10%后组织蜜蜂进场，一般每公顷杧果配置7～8群蜜蜂，蜜蜂要求健康、繁殖正常，管理没有特殊要求。

图5-28 蜜蜂为杧果授粉（邵有全 摄）

沙李是李的一个地方品种，在我国云南省广泛种植。但因其自花授粉坐果率低，产量也很低。为了提高坐果率和产量，匡邦郁等人利用东方蜜蜂为沙李授粉，结果表明：蜜蜂授粉的花期为10.2天，而无蜜蜂授粉的花期为12.7天。蜜蜂授粉受精早，花落得早，花期缩短2.5天，蜜蜂授粉坐果率比无蜜蜂授粉坐果率提高50%。试验组单株产量为8.8千克，对照组单株产量为6.5千克。试验组比对照组单株产量增加了2.3千克，产量提高约35.39%。

柿子采用蜜蜂授粉后坐果率达7.31%，而自花授粉坐果率仅为4.22%；蜜蜂授粉后采收的果实占幼果总数的66.55%，而对照树仅占幼果总数的12.35%；蜜蜂授粉的果实，加工成熟时果实呈橙色，果肉具有黑色条纹，味甜可口。但自花授粉的果实呈黄绿色，果肉为浅黄色、味涩，未完全成熟时不堪食用。蜜蜂授粉后，产量提高40%，果实成熟得早。蜜蜂在13：00采花的最多；蜜蜂采集柿树花的次数是其他昆虫的9倍，蜜蜂是柿子的优势授粉昆虫（图5-29）。

图5-29　蜜蜂为柿子授粉（邵有全　摄）

石榴属于异花授粉植物，同株异花和同品种授粉可以坐果，但坐果率不高，不同品种授粉坐果率较高，石榴树的大多数花是退化花，正常花只有 10% 左右，但在自然授粉状态下，坐果率很低，一般为 2% ~ 5%；在使用人工授粉和喷施激素（赤霉素）的方法后，坐果率有所提高，但劳动强度大、耗时多，而且有授粉不均、容易伤花等不利因素，利用蜜蜂授粉可以提高产量数倍至数十倍，节省人工授粉，经济效益均十分可观。石榴花期长达 60 天左右，在天气正常时一般在 9:00 ~ 16:00，花朵大量泌蜜、吐粉。经测定，一株长势正常的普通石榴树可以分泌 38.25 ~ 54.57 毫克花蜜（董坤等，2007），正常情况下，可以采到商品蜜和花粉。余玉生（2008）利用蜜蜂为石榴花授粉可提高坐果率 10% 以上。陶德双（2010）以蒙自石榴和中蜂为试材，结果表明：蜜蜂授粉的石榴坐果率显著高于自花授粉的坐果率（第一批花为 11.49%，第二批花为 12.00%），两种授粉方式下果实中石榴籽粒含水量和含糖量差异均不显著。蜜蜂为石榴授粉（图 5-30）可提高石榴的坐果率和果实重量。一般每 150 ~ 200 株或者 2 ~ 3 亩石榴树有 2 群蜜蜂即可满足授粉需要，蜜蜂也可以采到足够的蜜和粉。

图 5-30　蜜蜂为石榴授粉（邵有全　摄）

枣树是我国分布较广的栽培果树，也是我国具有代表性的民族果树。枣树花量大，落花落果现象严重，自然坐果率一般仅为1%左右。武晓波（2007）对枣树落花落果的原因及防治措施进行了探讨和研究，结果表明：采用喷施植物生长调节剂（赤霉素、5-氨基乙酰丙酸等）和枣园内放蜂的方法可以提高枣树坐果率。申晋山（2012）研究了蜜蜂授粉与喷施赤霉素对枣树坐果、生长、产量、品质与有仁百分比的影响。结果表明：蜜蜂授粉比喷施赤霉素后枣树的坐果率提高0.07%，株产量增加34%，单果重提高16.75%，总糖提高4.4%。蜜蜂授粉可以更好地促进枣树坐果，提高坐果率，改善枣果品质，见图5-31、图5-32。

图5-31　蜜蜂为枣树授粉（邵有全　摄）

图5-32　枣树花期蜜蜂授粉现场图（邵有全　摄）

二、瓜菜类增产技术

（一）西瓜

西瓜为雌雄同株异花，雌花大小为雄花的 1/4，花粉黏而且重。5:00花初开，6:00盛开，每朵花的有效授粉时间为 5 ~ 6 小时，最佳授粉时间是 9:00 ~ 10:00。一般一朵雌花蜜蜂采访 36 次才能完成授粉任务。一朵花的 3 个雌蕊上必须有 500 ~ 1 000 粒花粉，并且分配均匀才能保证良好的瓜形。因此，保护地西瓜采用人工授粉难以满足授粉要求。西瓜花有雄蕊 3 枚，花药开裂时，花粉进出，雄蕊基部有蜜盘，蜜汁累积凸起呈环状，蜜盘被花药掩盖，蜜蜂采蜜时必须穿过花药与花瓣之间的狭缝，用倾斜或者倒立的方式向下俯钻，才能使唇舌触及蜜盘，这样花粉就黏在其头部、胸部和腹部，当蜜蜂在雌花上采集时，也用同样的动作吸蜜，从而完成了西瓜的授粉。

浙江平湖农经局报道采用激素处理虽能解决坐瓜难问题，但易造成畸形瓜多，西瓜风味差。2002 年开始大面积推广大棚西瓜蜜蜂授粉技术，取得了丰硕的成果。试验结果表明，蜜蜂授粉比常规激素处理省工省时，平均单株坐果提高 0.8 个，单瓜重增加 0.1 千克，单株产量增加 0.91 千克，亩产增加 552.65 千克，亩增加收入 1 531.95 元，而且果形圆整、光洁度好、口感爽脆、风味纯正。蜜蜂授粉西瓜平均售价达 4 元/千克以上，比市场价高 0.40 ~ 1.00 元/千克。6 年来，全市已实现累计推广大棚西瓜蜜蜂授粉 1 400 公顷，实现西瓜产值 1 亿元以上，为瓜农增收 6 000 多万元。

张秀茹（2005）利用蜜蜂为西农八号西瓜授粉。瓜农采取自然授粉的单瓜重 5 ~ 6 千克，折合含糖量 11% 左右，亩产 4 000 千克左右，而经蜜蜂授粉单瓜重 7 ~ 9 千克，增 3 千克，增加 50%，折合含糖量 18% 左右，增 7% 左右，亩产 6 506 千克，增产 2 506 千克，坐果率由原来的 85% 升为 100%，增加 15%，自然授粉的畸形瓜为 5%（2 千克以下的果体），经蜜蜂授粉的畸形瓜为零。每 10 亩地投放一群（13 脾蜂）蜂为其授粉较为合理。且群均生产 33 千克蜂蜜；蜂王浆 1 006 克，花粉 5.5 千克，繁蜂几乎翻 1 倍。

历延芳（2006）对蜜蜂为塑料大棚西瓜和大田西瓜授粉进行研究。蜜蜂为大棚西瓜授粉，其中有蜂授粉区收获西瓜 1 045.5 千克，人工授粉区收获西瓜 787.1 千克，无蜂无人工授粉区收获西瓜为 0 千克，有蜂授粉比人工授粉增产 258.4 千克，产量提高 32.8%。有蜂授粉产量明显大于人工授粉，有蜂区最大瓜重 12 千克，人工授粉最大瓜重 9 千克；有蜂授粉的含糖量为 12.9%，人工授粉为 11.3%，有蜂区比人工授粉区提高了 1.6%。蜜蜂为大田间西瓜授粉，其中有蜂授粉区西瓜亩产量 200.1 千克，人工授粉西瓜亩产量 154.8 千克，有蜂授粉比人工授粉增产 45.3 千克，提高 29.3%。有蜂授粉区最大瓜重 14 千克，人工授粉区最大瓜重 9 千克。

江姣（2014）利用意蜂为冷棚立架小果型西瓜 L600 进行授粉，以人工授粉为对照，同时在大棚两边行种植 2 行地爬中果型西瓜京欣 3 号，弥补早春小果型西瓜花粉不足，结果表明：蜜蜂授粉方式果实单瓜重与人工授粉单瓜重分别为 1.88 千克和 1.81 千克，蜜蜂授粉高于人工授粉 3.9%；果形指数分别为 1.32 和 1.30，为椭圆形，果形周正；蜜蜂授粉果实的中心、边部可溶性固形物含量都略高于人工授粉果实，蜜蜂授粉果实分别达到 11.73% 和 10.08%，人工授粉果实分别达到 11.72% 和 9.44%，差异较小，但是蜜蜂授粉果实中心和边部可溶性固形物含量梯度差小，果实口感更好；两种授粉方式 667 米² 产量分别为 3 760 千克和 3 600 千克，蜜蜂授粉的高于人工授粉的 4.4%，蜜蜂授粉果实品质较优，每 667 米² 节本增收 990 元。

张保东（2016）对北京地区小果型西瓜立架栽培蜜蜂授粉技术展开研究。结果表明：小果型西瓜立架栽培授粉时温度达 15℃以上，采用每 667 米² 两箱 6 脾蜜蜂授粉效果最佳；改善栽培方式，用增加授粉行、授粉株，种植花朵密、花粉多的品种提高花粉量的方法，可使小果型西瓜坐果率提高 27%～31%，667 米² 产量增加 1 318.19 千克，经济效益提高 3 251.93 元。采用蜜蜂授粉降低瓜农的劳动强度，降低生产成本，提高坐果率，每 667 米² 节省人工授粉费高达 840 元，见图 5-33、图 5-34。

图 5-33　蜜蜂为西瓜授粉（Stephen Ausmus/USDA　摄）

图 5-34 蜜蜂授粉后西瓜丰收（邵有全 摄）

大棚西瓜授粉（图 5-35），每个 200 米^2 以上的大棚放 2 ~ 3 框蜂，400 米^2 以上的大棚放 3 ~ 4 框蜂。大田西瓜授粉每 667 米^2 放 5 ~ 8 框蜂。制备花香糖浆，采摘刚开放的西瓜花 30 ~ 60 朵，置于 30℃以下的糖浆（含水 50%以上）中浸泡 4 小时以上，在蜜蜂出巢前以饲喂或喷雾方法逐群奖饲，每群 20 ~ 100 克，每天多次。

图 5-35 大棚西瓜蜜蜂授粉后结实状（邵有全 摄）

（二）甜瓜

甜瓜为雌雄花同株，雄花是数朵簇生，雌花单生，花柱极短。甜瓜粉蜜均有，蜜蜂喜欢采集。授粉是否充分是影响甜瓜大小的主要原因，如果甜瓜内的种子不超过400粒，通常达不到商品瓜大小。10朵两性花有1只蜜蜂进行授粉，就能保证花朵授粉充分，实现高产，见图5-36。

图5-36 蜜蜂为甜瓜授粉（邵有全 摄）

付秋实（2014）比较了蜜蜂授粉、人工授粉及氯吡脲喷花对设施厚皮甜瓜果实品质的影响。结果表明：蜜蜂授粉、氯吡脲喷花与人工授粉相比，采用前两种方式可以显著提高厚皮甜瓜的单瓜重、果实纵径、果实横径、果肉厚以及果实中葡萄糖、果糖和蔗糖的含量。但是，采用氯吡脲喷花显著降低了种子中可溶性糖含量及千粒重，明显减少了果实中风味物质的种类和含量。采用蜜蜂授粉可以显著改善果实品质，是设施甜瓜实现安全、优质、高效生产的重要配套技术之一。

丁桔（2016）为了探究蜜蜂授粉对甜瓜品质的影响，采用意蜂为设施甜瓜授粉，结果显示：在设施内温度达到46.21℃时，蜜蜂仍能完成授粉工作。蜜蜂授粉的甜瓜平均单蔓坐果数和平均畸形果率分别为3.84个和

5.75%，分别较人工授粉的高 1.80 个和低 8.36%，甜瓜蜜蜂授粉果实品质与人工授粉无显著差异。表明蜜蜂可以代替人工完成授粉工作，且不会影响果实品质，适合设施甜瓜早春和夏秋季栽培授粉。

陈莹（2016）以蜜蜂授粉和人工授粉作比较，研究其对大棚甜瓜产量和品质的影响。结果表明：蜜蜂授粉的甜瓜坐果率 100%，畸形果率为零，甜瓜果形正，颜色艳，含糖量高，中心可溶性固形物含量较人工授粉的甜瓜提高 4.72%，边缘可溶性固形物含量较人工授粉的提高 49.23%。平均单果重为 0.44 千克，较人工授粉的提高 11.22%。人工授粉的甜瓜坐果率为 98%，易出现畸形果，含糖量低。综合各性状指标，利用蜜蜂授粉技术生产的甜瓜产量高，品质好，外观性好，经济效益更佳。蜜蜂授粉可作为简约化栽培技术进行大面积的示范推广，是甜瓜产业化栽培必不可少的重要技术措施。蜜蜂最佳授粉时间是每天早晨，每 4 000 米² 配备一箱蜂就可满足授粉要求（图 5-37）。

图 5-37　蜜蜂为温室大棚甜瓜授粉（邵有全　摄）

（三）草莓

大多数草莓品种是自花可结实的。但还有一些品种，特别是品质好的品种由于柱头高，而雄蕊短授粉困难，这就需要昆虫授粉。近年来在冬季和早春，日光节能温室种植草莓面积越来越大，温室中没有风和传粉昆虫，使草莓授粉受到很大影响。草莓雄蕊的花药围着雌蕊柱头，每朵花花期为3~4天，蜜蜂在8:00~16:00都有采集行为，一只蜜蜂每分钟可采集4~7朵花，草莓整个花期长达5个月。

余林生（2001）利用意蜂为棚栽草莓授粉（图5-38）结果表明：草莓产量平均提高65.6%~74.3%，畸形果率下降60.7%~63.1%，净效益增长率为69.85%~79.02%，且草莓甜度增加，品质改善。大棚内适时配置蜂群授粉，蜂群耗损2.0~2.1框/棚（200米²），但只要科学地饲养管理，也能大幅度地减少蜂群损失。

图5-38 蜜蜂为设施草莓授粉（邵有全 摄）

郑茂启（2003）对日光温室草莓蜜蜂授粉技术进行了试验研究。结果表明：667米²蜜蜂授粉和人工授粉产量分别是2 806.3千克和1 421.5千克，蜜蜂授粉比人工授粉增产97.4%，产值增长113.9%。蜜蜂授粉畸形果率为 3.6%，人工授粉畸形果率为 38.2%，蜜蜂授粉比人工授粉畸形果率降低 90.6%（图 5-39）。

图 5-39　草莓授粉不良产生的畸形果（邵有全　摄）

高建村（2003）对卡意蜜蜂与意蜂不同放蜂数量对大棚草莓授粉效果进行了研究。结果表明卡意蜜蜂与意蜂授粉优良果产量之间差异极显著，卡意蜜蜂比意蜂授粉效果好。研究了 2.13 公顷草莓放 0.175 千克、0.35 千克、0.525 千克和 0.7 千克蜜蜂的授粉效果，4 米^{2}产量分别是 15.11 千克、15.66 千克、15.67 千克和 16.33 千克，不同蜂量授粉的优良果之间差异极显著，蜂种和蜂量之间存在互作。蜂量为 0.7 千克的卡意蜜蜂授粉的草莓优良果产量最高，最高产量为 4.17 千克 / 米^2（图 5-40）。

图 5-40 蜜蜂授粉后草莓丰收（邵有全 摄）

　　张红（2015）通过比较设施草莓园内不同摆放方位的蜂群活动规律及群势下降情况，结果表明：蜜蜂蜂群在设施草莓园内的摆放方位对于蜜蜂访花密度有显著影响（$P < 0.01$），其中蜜蜂蜂箱坐东朝西摆放时，蜜蜂访花密度显著高于其他摆放方式；在草莓整个花期授粉过程中，蜜蜂蜂群群势呈现逐渐下降趋势；然而，蜜蜂蜂群在设施草莓园内的摆放方位对群势下降程度无显著影响（$P > 0.05$）；蜜蜂访花密度与蜂群群势呈正相关，与草莓开花数量无显著相关性。

　　草莓授粉蜂群应该在晚秋喂足越冬饲料糖；在草莓开花前 3～5 天搬进大棚至授粉结束，入棚后要补喂花粉，奖饲糖浆，刺激蜂王产卵，提高蜜蜂授粉积极性。一般 667 米² 的大棚有 4 框足蜂。在实际生产中为了降低生产成本，可采用一群蜜蜂为两个草莓大棚授粉并获得成功，具体操作方法是：首先将蜂群搬入大棚，让蜜蜂在第一个棚内适应环境 7～8 天，下午蜜蜂回箱后，可把蜂箱搬到第二个大棚内，第二天在另一个大棚内授粉。下午蜜蜂回巢，再把蜂箱搬回原来的大棚，循环往复，达到草莓隔日授粉的目的。试验证明：隔日授粉与天天授粉的草莓，产量与品质相同。

最关键的是2个大棚，长、宽、高以及建棚所用的材料，如立柱等都应基本相同，让蜜蜂入棚后觉察不到环境发生了变化。其次蜂箱在两个大棚的位置要大致相同，不能错位。移动蜂箱时，要保持平衡，不可剧烈晃动，避免箱内蜜蜂互相碰撞受伤、死亡。

（四）白莲藕

白莲藕开花时，需要对莲花进行授粉，莲蓬、莲子才会结得又大又多。很多农民还在用传统的方法人工为莲花授粉，每天早晨到田间用毛笔为其授粉，除劳动量大之外，还会出现遗漏现象，不能达到最佳的授粉效果，同时，张旭凤（2012）调查湖南、湖北、江西主要白莲藕种植区野生传粉昆虫发现，三省份的白莲藕野生传粉昆虫数量和种类均较匮乏，因此莲子高产增收必须依靠蜜蜂授粉才能实现，蜜蜂授粉更有利于蜂农和荷花种植户获得更高收益，见图5-41、图5-42。

图5-41 蜜蜂为白莲授粉（张旭凤 摄）

图 5-42　蜜蜂授粉后白莲结实状（张旭凤　摄）

罗银华（2013）比较了建莲蜜蜂授粉前后效益，结果表明：蜜蜂授粉后建莲平均结实率提高 15.5%、单粒鲜质量增加 0.27 克，每 667 米² 增加产量 33.5 千克，增加收入 2 000 多元，增产效益达 36.3%。

张串联（2014）利用中蜂和意蜂对莲花进行授粉增产的研究。结果表明：自然放蜂授粉比无蜂授粉可提升 40% 以上的结实率，蜜蜂强制授粉可提升 50% 以上的结实率。通过自然放蜂、网棚内强制蜜蜂授粉、网棚内无蜂授粉等分区试验对比，结果表明：蜜蜂对白莲藕增产达到 23.83%；中蜂与意蜂的增产效果无明显差异。

采集荷花粉的蜂群（图 5-43、图 5-44）以 8 脾蜂群势最佳，采集积极性好；10 脾以上蜂容易分蜂，采集积极性下降，一般每亩莲塘配置 1 群群势较强的蜜蜂。脱粉时在早晨装好脱粉器具，根据花朵开放和闭合情况，在一天中，采集带粉蜜蜂数量减少的时候，卸下脱粉器，让少部分花粉储存在巢内，供蜂群繁殖。莲花花期容易因缺蜜而影响蜜蜂的采集积极性和蜂群正常的繁殖，所以要注意检查箱内蜜粉情况，必要时进行饲喂。另外蜂箱不能离水塘太近。

图 5-43　采集荷花花粉的蜂群（张旭凤　摄）

图 5-44　蜜蜂采集的荷花花粉（张旭凤　摄）

（五）黄瓜

黄瓜为雌雄同株异花，雄花簇生，雌花单生。黄瓜为虫媒作物，每朵花需蜜蜂授粉 9 次，最佳授粉时间 9:00 ~ 11:00。近年来，培育不少单性结实的品种，不经昆虫授粉也能结瓜。诸多研究证明，不论是单性结实品种还是有性繁殖品种，大田种植还是保护地栽培，采用蜜蜂授粉，都可大幅度提高产量。

孟焕文（2004）研究了授粉对黄瓜果实发育和品质的影响，结果表明：授粉可使黄瓜坐果率提高 63.0%，加速果实发育，使商品率提高 68.7%，产量提高 127.6%，且有利于提高果实可溶性蛋白质含量、可溶性糖含量、维生素 C 含量和游离氨基酸含量。

麻继仙（2011）关于黄瓜网室蜜蜂授粉杂交制种试验证明，人工辅助授粉操作过程中容易产生人为疏漏，还容易对花器造成损伤，产生化瓜和落花落果现象，因此结果数减少，产量降低。蜜蜂授粉在黄瓜上的应用很大程度上提高了黄瓜制种的产量（667 米^{2}产量提高 7～12 千克），并且减轻了规模化杂交制种人工紧缺的压力（每亩节约授粉用工 48 个），达到提高产量的目的。

任晓晓（2016）利用中蜂为大棚黄瓜授粉，设蜜蜂授粉和无蜂授粉两个处理，在其他环境因素相同的条件下，对授粉区的黄瓜进行蜜蜂授粉，比较两者之间的效果差异。结果显示：与无蜂区相比，蜜蜂授粉区黄瓜坐果率和每株产量均有所增加，但差异不显著（$P > 0.05$），而结籽率大幅增加，差异极显著（$P < 0.01$），瓜条平均重量显著增加（$P < 0.05$）；从瓜条长度、直径看二者差异不大。

一只蜜蜂每次出巢采黄瓜 35～46 朵花，用时 6～8 分，每分钟采集7～9 朵花。400 米^2 的大棚或温室黄瓜授粉，一般配备 6 000 只蜜蜂就可达到增产的目的。蜂群要奖励饲喂糖浆和蜂花粉，注意防潮。

（六）冬瓜

自然授粉坐果率低，质量也较差。因为冬瓜花有蜜，能够吸引蜜蜂积极采集，利用蜜蜂为冬瓜授粉，可大大提高冬瓜的产量。

薛承坤（2006）报道，江苏省冬瓜产量低、效益不高的原因主要是授粉不足，因此采用蜜蜂授粉技术，在冬瓜花期组织了千余群蜜蜂为冬瓜授粉。每2公顷冬瓜配制一群蜜蜂，每半径400～500米范围内设置一个放蜂点，冬瓜初花期的6月中旬进场，8月上中旬终花期出场，保证了冬瓜花期得到蜜蜂的充分授粉。当年的统计成果率达到70%～80%，高产田667米^{2}产量达5 000千克以上，是原来的3～4倍，最大瓜重30千克。因产量提高，瓜农获得了每亩2 000元以上的收入。因冬瓜花蜜多粉多，蜜蜂除为冬瓜花授粉外，还能收到商品冬瓜花蜜3～5千克及花粉2～3千克。蜜蜂既度过夏季的淡花期，还增强了群势，蜂农又减少了饲料投入，多收了蜂王浆，增加了收益。

刘俊峰（2014）通过对黑皮冬瓜进行蜜蜂授粉与人工授粉对比试验，结果表明：蜜蜂授粉可以代替人工授粉，蜜蜂授粉与人工授粉的坐瓜率均达到100%；蜜蜂授粉商品瓜率平均为86.00%，稍高于人工授粉商品瓜率（85.33%）；蜜蜂授粉提高了黑皮冬瓜产量，单瓜重量提高8.95%；蜜蜂授粉提高了黑皮冬瓜商品性，果肉硬度提高13.85%，果肉厚度提高4.58%，且瓜形整齐、大小一致；蜜蜂授粉提高了黑皮冬瓜品质，果肉可滴定酸含量提高9.68%，果肉蛋白质含量提高7.58%，果肉维生素C含量提高5.02%；蜜蜂授粉还明显降低了黑皮冬瓜的授粉费用，蜜蜂授粉费用比人工授粉费用降低了64.28%。

蜜蜂为冬瓜授粉，在冬瓜有10%的花开时，即可进入场地，把蜂箱放置于较为干燥、通风，视野开阔的地方，一般每群蜂可以满足8～9亩大片种植的冬瓜，可以将两群蜂并排成一组摆放，每隔1千米摆放一组。3～4天开箱检查1次，以防冬瓜蜜粉不好影响蜂群正常的繁殖。

（七）其他蔬菜

蜜蜂为温室内其他蔬菜授粉，效果也很显著。温室内苦瓜，自然授粉的基本上不结瓜，人工授粉的坐果率70%，蜜蜂授粉的可达90%以上。蜜蜂为温室内辣椒授粉，其产量比无蜂对照区增长150%，坐果率提高2倍。利用蜜蜂授粉番茄（图5-45、图5-46）、茄子（图5-47）和西葫芦，其坐果率和产量都有不同程度的提高。蜜蜂授粉番茄的结果率为75.1%，蜜蜂授粉茄子单株结果4.4个，蜜蜂授粉西葫芦单株结果3个，相对无蜂授粉，以上指标均有所提高。

图5-45 蜜蜂为温室番茄授粉（邵有全 摄）

图 5-46　不同番茄品种蜜蜂授粉试验（邵有全　摄）

图 5-47　蜜蜂为温室茄子授粉（邵有全　摄）

西葫芦为雌雄同株异花，花期1天，蜜粉充足，纯属虫媒作物，无昆虫或动物授粉，瓜自行退化，最佳授粉时间是9：00～11：00，随着气温升高，13：00以后花凋谢。一般情况下蜜蜂采集7～8次即授粉充足，瓜生长正常。邵有全将蜜蜂授粉应用于西葫芦生产上，取得了显著成效。一个生产周期可节约劳动力75个，节约劳务工资1 500元；蜜蜂增产幅度与种植水平和天气变化有直接关系，最低增产13.4%，最高达34.9%，平均增产22.1%；经过对蜜蜂授粉区一次采收的1 904条瓜进行鉴定，其中畸形瓜占总瓜数的9.1%。而在涂抹2，4-D生产区采摘的1 555条瓜中，畸形瓜占总瓜数的42.25%，使畸形瓜下降了33.15%。

黄花菜又名金针菜。因其雄蕊低，雌蕊柱头高，花粉粒大，凭花药炸裂时的弹力很难将花粉撒落到雌蕊柱头上，因此，自然授粉结实率仅达0.5%～2%。申晋山用意蜂为黄花菜授粉，纱网罩住区为无蜂授粉区，罩外为蜜蜂授粉区，共试三个品种。中期花品种无蜂授粉结实率为2%，蜜蜂授粉结实率达10.9%，提高4.5倍；白花品种无蜂授粉结实率为1.7%，而有蜂授粉结实率为16%，提高近8.4倍；高箭中期花品种无蜂授粉区结实率1.1%，有蜂授粉区13.1%，提高了10.9倍。

三、油料作物类增产技术

我国种植的油料作物如向日葵、油菜、芝麻等多数是异花授粉作物，采用蜜蜂授粉以后，增产效果十分显著。

（一）向日葵

向日葵是典型的异株异花授粉作物，属于虫媒花作物，自花授粉结实率仅为0.36%～1.43%，完全靠昆虫传递花粉，才能受精结实。向日葵有许多管状小花，具有发达的蜜腺，能分泌丰富的蜜汁，对蜜蜂有很大的吸引力，见图5-48、图5-49。

图 5-48　蜜蜂为向日葵授粉（张旭凤　摄）

图 5-49　大面积种植的向日葵（张旭凤　摄）

张云毅（2009）研究了离蜂场不同距离的向日葵的饱籽率，发现距离与饱籽率呈负相关变化，随着距离的不断增大，饱籽率也在逐渐减小。在距离蜂场 700 米时饱籽率达 78.77%，随着距离的不断增大，饱籽率逐渐下降，在距离蜂场 1 500 米时饱籽率降至 60% 以下，可见距离增大造成了蜜蜂授粉强度的减弱，从而影响了向日葵的饱籽率。因此，向日葵种植面积占当地耕地面积 10% 左右时，蜂场间距离不宜超过 2 600 米。

褚忠桥（2014）在宁夏中卫市海原县开展了向日葵蜜蜂授粉增产试验研究工作，试验结果显示：向日葵引进蜜蜂授粉比无蜂隔离区空壳率降低71.9%，产量提高14倍，按2012年当地收购价计算，每亩增收1 006.18元。

（二）油葵

油葵，即油用向日葵的简称，是我国的主要油料作物之一。油葵是典型的异花授粉作物，其自花授粉率仅为1%，必须借助昆虫或人工辅助授粉才能结实。油葵因具有适应性强、产量高、油质好、用途广等特点，近些年在我国迅速发展起来。

石河子大学农学院夏平开将蜜蜂授粉应用于油葵不育系获得显著效果，油葵不育系和保持系增产显著，蜜蜂授粉繁殖油葵不育系比人工授粉增产15.1%，比自然授粉增产1141.3%；蜜蜂授粉繁殖油葵保持系比人授粉增产48.2%，比自然授粉增产121.2%。蜜蜂授粉籽仁含油率比人工授粉提高3.8%，比自然授粉平均增产934%。蜜蜂授粉的花盘直径比人工授粉的增加3.0厘米，单盘籽粒重增加11.2克，单盘饱满籽粒数增加163粒，空秕率减少5.0%，百粒重增加3.22克。

蜂群给油葵授粉应在15%～20%的植株开花时，将蜂群搬进授粉场地，每3 000米^{2}放一群蜂；蜂群管理以防暑降温为重点；加强喂水，巢箱上加铁纱副盖和空继箱，扩大蜂巢，蜂箱上面加盖凉棚。

（三）油菜

油菜是异花授粉植物，依靠昆虫传递花粉。我国油菜的种植品种有芥菜型油菜、甘蓝型油菜和白菜型油菜，在种植时间上又分冬油菜和春油菜。我国南方和北方都有种植。就一个地区一个品种而言，花期长达40天左右。油菜花不仅粉多，而且富含蜜汁，对蜜蜂有很大的吸引力，也是我国春季主要蜜源植物，见图5-50至图5-53。

图 5-50　西藏堆龙德庆县油菜种植图（邵有全　摄）

图 5-51　云南罗平油菜花期移动放蜂车（邵有全　摄）

图 5-52　内蒙古海拉尔油菜花期放蜂（邵有全　摄）

图 5-53　蜜蜂为油菜授粉（邵有全　摄）

　　山东农业大学动物科技学胥保华（2009）在山东青州市实施蜜蜂为油菜授粉的增产效果研究，试验 1 区经蜜蜂授粉的油菜籽产量 105 千克 / 亩，无蜂区油菜籽产量 75 千克 / 亩，有蜜蜂授粉的油菜籽产量比无蜂区提高 40%；试验 2 区经蜜蜂授粉的油菜籽产量 100 千克 / 亩，无蜂区油菜籽产量 75 千克 / 亩，有蜜蜂授粉的油菜籽产量比无蜂区提高 33.3%；试验 3 区经蜜蜂授粉的油菜籽产量 86.65 千克 / 亩，无蜂区油菜籽产量 70 千克 / 亩，有蜜蜂授粉的油菜籽产量比无蜂区提高 23.8%；试验 4 区经蜜蜂授粉的油菜籽产量 120 千克/亩，无蜂区油菜籽产量 60 千克/亩，有蜜蜂授粉的油菜籽产量比无蜂区提高 100%。油菜蜜蜂授粉现场见图 5-54。

图 5-54　油菜蜜蜂授粉现场（邵有全　摄）

江西农业大学蜜蜂研究所石元元（2009）用蜜蜂为赣杂 3 号油菜授粉，在油菜开花前，把种植的油菜分为自然授粉、蜜蜂授粉和无蜂授粉 3 个区。结果表明：蜜蜂授粉区油菜籽产量比自然授粉区和无蜂授粉区分别提高40.16% 和 114.98%，实际亩产油量比自然授粉区和无蜂授粉区分别提高7.59% 和 25.12%，并且蜜蜂授粉区的千粒重、发芽率、柱头上的花粉含量、花粉活力、花粉管萌发数量、子房中 RNA 的含量都是极显著或显著高于自然授粉区和无蜂授粉区；蜜蜂授粉区油菜籽畸形率极显著低于自然授粉区和无蜂授粉区。

祁文忠（2009）为了探明黄土高原地区油菜蜜蜂授粉增产效果，建立蜜蜂为油菜授粉示范推广基地，在黄土高原中部干旱、半干旱地区甘肃省甘谷县安远镇，利用 400 群意蜂的蜂场为白菜型油菜天油 4 号进行授粉试验。观察点距蜂群 500 米、700 米、1 000 米、2 000 米、3 000米、4 000 米、5 000 米和无蜂对照区油菜籽产量、出油率、结荚率、千粒重和角粒数 5 个指标。结果表明：授粉距离越近，访花蜜蜂数越多，授粉效果越好，与自然授粉比较，油菜籽产量增产 9.01% ~ 48.7%，结荚率提高 1.88% ~ 73.3%，千粒重增加 1.63% ~ 8.07%，出油率提高 1.94% ~ 10.12%，角粒数提高 11.20% ~ 46.34%。在黄土高原地区，利用意蜂为白菜型天油 4 号油菜授粉，授粉半径越小，授粉效果越显著，距离蜂场 1 000 米区域内的授粉效果最好。

周丹银（2010）通过设计不同授粉处理比较蜜蜂为油菜授粉效果。结果表明：意蜂自由授粉处理能显著提高油菜籽产量，与对照相比（隔离无蜂授粉处理）增产率为 32.78%，其次为中蜂强制授粉，与对照相比增产率为 16.89%，而意蜂强制授粉油菜籽产量与对照差异不显著；从千粒重和出油率看，各处理间差异均不显著。

金水华（2011）对平湖地区油菜蜜蜂授粉效果进行了研究，发现蜜蜂授粉能提高油菜籽产量 49.4%，增加全株有效角果数 78.6 个，提高含油量 1.8%，对其他指标没有显著影响。研究表明蜜蜂授粉对提高油菜籽产量和含油量有明显作用。

梁铖（2014）为了探明蜜蜂为罗平油菜授粉对菜籽产量的影响效果，建立授粉示范推广基地。对罗平油菜盛花期蜜蜂占授粉昆虫的数量比例进行了调查；2012 年和 2013 年分别以甘蓝型油菜为试验材料，在相同田地里建立蜜蜂授粉区和无蜜蜂区两个对照，结果表明：西蜂占访花昆虫总量的 99.3%，采集量超过 22 头 /（米 ^{2}·时）。蜜蜂授粉区植株结荚数、荚粒数、千粒重、油菜籽产量与对照组比较，差异极显著（$P \leqslant 0.01$），分别增产 29.49%、15.34%、6.55%、47.39%。

哈力木拜克·阿汗（2016）通过试验发现，在新疆蜜蜂授粉区与无授粉对比，油菜籽产量平均增产 21.30%；结荚率平均提高 14.15%；角粒数平均增加 10.41%；油菜籽千粒重平均提高 7.96%。另外，根据 2014 年数据，蜜蜂授粉区油菜籽比不授粉区油菜籽出油率会提高 5.57%。

罗文华（2016）为研究意蜂为重庆地区油菜授粉增产提质的效果，建立适宜重庆地区的油菜授粉模式，试验通过在重庆市荣昌县安富镇开展授粉效果研究，分析意蜂为重庆地区胜利油菜授粉的效果，评价意蜂授粉对胜利油菜籽产量、千粒重及油菜籽粗脂肪含量的影响。结果表明：经意蜂授粉的胜利油菜籽平均产量为 459.34 千克 / 亩（1 亩 ≈ 667 米^2），显著高于未授粉组 239.56 千克 / 亩（$P < 0.05$），授粉组与未授粉组的千粒重差异不显著（$P > 0.05$），授粉组的油菜籽粗脂肪含量（42.98%）显著高于未授粉组（40.66%）（$P < 0.05$）。

四川养蜂管理站（2010）进行了大田油菜蜜蜂授粉增产试验，增产 73.15%，他们还研究了蜜蜂授粉强度对油菜增产效果，证明 15 米^2 全天有 25 只蜜蜂授粉，还有一定的增产空间。

小知识

油菜地授粉蜂群的管理技术

第一，早春蜂群加强保温，油菜 3 月下旬始花，这时气温往往偏低，早晚温差大。如果保温不良，蜜蜂为了维持巢温而减少出勤，影响蜜蜂授粉，为此，可选择油菜田的避风向阳处放置蜂群。

第二，选择强群用做授粉蜂群，在早春利用蜜蜂为油菜授粉，组织强群尤其重要，这个时期的蜂群内子多蜂少，内勤蜂负担重，能够出勤的蜜蜂数量少，只有选择强群（达7足框蜂以上），才能保证有足够的出勤率，达到良好的授粉效果。

第三，适时采收油菜花粉。油菜花的花粉多，授粉期间可以采取巢门脱粉的办法（图5-55），提高蜜蜂采花授粉的积极性，既要留足维持蜜蜂生长发育需要的花粉，又不能让蜂群内有过多的花粉，影响蜜蜂为油菜授粉的积极性。

图5-55　蜜蜂采集油菜花粉后脱粉（邵有全　摄）

第四，解决好花期防虫与蜜蜂授粉矛盾，春季油菜抽薹时，当10%的孕蕾内有蚜虫，并且个蕾内平均有蚜虫3～5头时，应立即进行防治。若发现星点蚜虫发生，可进行星点防治，不要大面积喷药。总之将油菜害虫消灭在始花前，从而保证蜜蜂在花期内正常传粉，夺取油菜高产。

（四）油茶

油茶是一种自花不育的树种，再加上油茶花粉粒大，重而黏，必须通过昆虫传粉才能结实。油茶开花季节正值冬季温度较低时期，野生昆虫数量少，活动量小，授粉昆虫极少，不能满足油茶的授粉，因而会造成"千花一果"的局面，每亩平均产量仅有2.5～3千克。

李林庶（2012）以腾冲红花油茶为研究对象，对其分别进行人工授粉、意蜂自由式授粉、意蜂强制性授粉和隔离对照授粉处理。结果表明：隔离对照授粉处理中所有油茶植株均未坐果、结实，在自然条件下需要动物媒介为其传粉才能完成受精作用并结实；意蜂自由式授粉油茶坐果率为25.1%，比人工授粉和强制性授粉分别提高了9.1%和12.5%；结实率达22.1%，比人工授粉和强制性授粉分别提高10.7%和11.9%；自由式授粉油茶单果鲜重为79.3克，鲜出籽率为25%，单果籽粒重为19.8克，均显著高于强制性授粉，但与人工授粉差异不显著。

李久强（2013）对用中蜂、西蜂为红花油茶授粉试验效果进行了对比。蜜蜂自由式授粉能显著提高腾冲红花油茶坐果率、结实率和出籽率，显著提高红花油茶的产量。在相同条件下，中蜂对红花油茶授粉率、坐果率较西蜂有显著提高。

王孟林认为在油茶上推广蜜蜂授粉的主要矛盾是解决蜜蜂中毒的问题。林巾英认为，在茶花期采用分区管理和加喂药物可以缓解因茶花蜜中毒而引起幼虫死亡。其做法是：用隔板将巢箱分隔成两区，把蜜、粉脾和供蜂王产卵的空脾连同蜂王放到蜂箱的任何一边组成繁殖区，然后将剩下的蜂脾一起放到蜂箱的另一边，两区之间用铁纱隔离板隔离，上面用纱盖盖上，铁纱隔板与上面的纱盖应保持 0.5 厘米的空隙，让工蜂自由通过，但蜂王不能通过。在繁殖区的巢框上面盖一块毛巾，在繁殖区靠蜂箱壁的一边上留一条缝，让繁殖区的蜜蜂通过。在茶花授粉期间不仅对蜂群奖励饲喂，还要对蜂群使用 0.1% 柠檬酸糖水或者 0.1% 多酶糖水，每天在 16：00 以后，将调制好的药物糖水用喷雾器或者直接浇在毛巾上，每群每次用药物糖水 0.25 千克左右，每隔 1 ~ 2 天喂药 1 次。

为了提高油茶花的授粉效果，最好选用耐寒的东北黑蜂、高加索蜂或者喀尼阿兰蜂。当蜂群进入油茶场地后，要立即用油茶花糖浆饲喂蜂群，刺激采集蜂出巢。油茶糖浆的制作方法为：将 1 份鲜油茶花浸泡在 3 份 50℃的糖浆内，12 小时后过滤即可。

四、蔬菜制种类增产技术

蜜蜂授粉应用在制种业上，增产效果最显著。

（一）西葫芦

西葫芦是我国北方的主要蔬菜。西葫芦通常是雌雄同株异花，但制种西葫芦为雌雄异株。西葫芦花粉重，黏度大，是纯粹的昆虫授粉作物，在制种上一直采用人工授粉的方法。西葫芦花粉活性和雌蕊柱头最佳接受力时间很短，一般不超过 5 小时，最佳授粉时间是 8：00 ~ 9：30。为解决西葫芦制种的人力紧张问题，降低生产成本，山西省农业科学院任继海采用蜜蜂进行授粉试验，见表 5-12。

表 5-12　西葫芦制种蜜蜂授粉与人工授粉结籽情况表

处理	瓜长（厘米）	直径（厘米）	种子总数（个）	饱满种子数（个）	秕种子数（粒）	千粒重（克）
蜜蜂授粉	33.94	10.93	363.5	317.2	46.3	104.970 6
人工授粉	31.28	10.51	296.2	268.7	27.5	105.344
纯增长量	2.66	0.42	67.3	48.5	18.8	-0.373 4
增产百分点	8.5	3.99	22.72	18.05	68.36	-0.003 5

蜜蜂授粉加快了西葫芦的生长速度，蜜蜂授粉平均瓜长为 33.94 厘米，比人工授粉多 2.66 厘米，约提高了 8.5%。蜜蜂授粉瓜直径为 10.93 厘米，比人工授粉瓜大 0.42 厘米，约增加了 4.0%。蜜蜂授粉区单瓜最多结籽 436 粒，而人工授粉区最多为 410 粒；蜜蜂授粉每株平均结籽数为 363.5 粒，比人工授粉增加了 67.3 粒，约提高了 22.7%，饱满种子数也比人工授粉多 48.5 粒。人工授粉组千粒重比蜜蜂授粉组大，原因是西葫芦制种是和玉米套种，蜜蜂授粉结种子多，但因水肥赶不上，种子饱满度差，若能增加土地肥力，其增产效果更显著。

姜立纲（2012）在大棚西葫芦亲本扩繁过程中利用蜜蜂授粉，与人工辅助授粉相比，种子质量更有保证，产量可提高 20% 以上，节省授粉费用 50% 以上。

（二）甘蓝

甘蓝是异花授粉作物，系虫媒花，必须借助于昆虫传粉受精。云南农大匡邦郁在甘蓝制种上采用蜜蜂授粉，实现了提早结荚，放蜂区花期仅 23

天，无蜂对照区花期为 27.5 天，有蜂授粉比无蜂授粉谢花结荚期、成熟期平均提早 4 天；有蜂授粉区满荚率为 77.42%，比自然授粉的 70.50% 提高了 6.92%；自然授粉区的空荚率为 6.15%，比有蜂区的 3.14% 提高了近 2 倍。蜜蜂授粉大大提高了满荚率和降低了空荚率。

表 5-13　庆丰甘蓝结荚率比较表

处理	取样数	单枝花数	单枝满荚数	单枝空荚数	满荚率（%）	空荚率（%）	结荚率（%）
有纱罩放蜂	50	55.37	42.87	1.74	77.42	3.14	80.57
无纱罩自然授粉	50	56.87	40.11	3.50	70.50	6.15	75.61
有纱罩无蜂	50	59.75	2.57	45.63	4.3	76.37	80.67

史小强（2015）对网棚甘蓝制种中蜂和壁蜂授粉效应进行了研究。在温度适宜时，全天都可以看到蜜蜂访花授粉，在甘蓝盛花期可以看到 3～4 只／米²。一个实际甘蓝面积为 128 米² 的大棚蜜蜂授粉需费用 859 元，见表 5-14。

表 5-14　蜜蜂为甘蓝授粉的效果

甘蓝亲本	单株平均结荚率（%）	单荚平均结籽数	种子产量（千克）
圆黄	52.45	15.3	2.80
圆黑	27.54	16.6	2.45

（三）大白菜

大白菜是中国北方地区冬季的主要蔬菜。大白菜自交不亲和系的繁殖，传统上采用人工花期授粉，方法费工费时，效果也不理想。利用蜜蜂为制种大白菜授粉不但省工省时，增强受精后子房的生理活性，确保制种的纯度和产量，而且还可大幅度提高菜籽产量。

西北农林科技大学园艺学院花卉研究所赵利民等利用蜜蜂为两品种的白菜授粉，增产效果十分明显，蜜蜂授粉比人工授粉单株产量提高 10.57% ~ 58.91%，荚粒数提高 3.14% ~ 4.86%，种子千粒重提高 2.32% ~ 10.41%，种子发芽率提高 0.82% ~ 1.18%，每亩种植区产种子量提高 36.68% ~ 43.98%。

杨恒山（2002）进行了蜜蜂授粉提高大白菜制种产量和质量的研究，用蜜蜂为大白菜品种豫白菜 7 号、豫早 1 号、豫白菜 11 号制种授粉。分别在 0.067 公顷、0.133 公顷、0.200 公顷和 0.267 公顷四块田开展；授粉开始后，在蜂群授粉期间白天全天脱粉，夜晚补饲食用蔗糖，糖水比 1 ∶ 1，隔日在大盒内灌满糖水，小盒内装满洁净水，供蜜蜂食用。结果可以看出，配制大白菜杂交种时花期投放蜜蜂授粉能够显著提高制种产量。在试验设置的处理范围内随着单位面积蜜蜂数量的增加，产量逐步增加。0.067 公顷用 1 箱蜂的产量较对照增产 144.6% ~ 222.2%；0.133 公顷放 1 箱蜂的产量较对照增产 109% ~ 161%。连续 3 年种子纯度为 98.9%，发芽率为 97.6%；0.200 公顷用 1 箱蜂的种子纯度为 97.3%，发芽率为 92.8%，均达到《瓜菜作物种子第 2 部分：白菜类》（GB16715.2—2010）国标一级种子标准。0.267 公顷用 1 箱蜂种子纯度为 96.0%，发芽率为 90.1%，达到《瓜菜作物种子第 2 部分：白菜类》（GB16715.2—2010）国标二级标准。人工授粉种子纯度 92.0%，发芽率 90.0%，属不合格种子。

陈学刚（2003）应用大白菜自交不亲和系配制一代杂交种，在隔离区内花期投放适量的蜂群授粉，是提高大白菜杂交产量与质量的关键措施，长势中等的大白菜地块 1 334 米^2，配置一箱强壮蜂群（每箱约 8 脾蜂）授粉，长势旺盛的大白菜制种地块 667 米^2，配置一箱强壮蜂群授粉比较合理；这样制种区内有足量的大白菜花株保证蜜蜂群有稳定的花源采粉，可提高大白菜杂交制种产量 70% 以上，使用该项技术生产的大白菜杂交种子质量经省、市鉴定，达到国标一级种子标准。

谢旭（2004）在隔离区内配制大白菜杂交种，花期投放蜜蜂授粉能显著提高制种产量。667 米^{2}制种田投放一箱蜜蜂授粉，产量最高为 124.6 千克，较对照区增产 175.1%；1 334 米^{2}制种田投放一箱蜜蜂授粉，平均每 667 米^{2}产 104.7 千克，较对照区增产 131.1%；2001 米^{2}制种田投放一箱蜜蜂授粉，平均每 667 米^{2}产 96.8 千克，较对照区增产 111.5%；2 668 米^{2}制种田投放一箱蜜蜂授粉，平均每 667 米^{2}产 77 千克，较对照区增产 70%。说明在大白菜杂交制种田投放蜂群，通过蜜蜂传媒，能够提高大白菜异交结实率，从而提高大白菜杂交制种产量。

（四）其他蔬菜

黄瓜为雌雄同株异花作物，制种黄瓜若没有昆虫授粉，就会影响种子产量。常规制种是人工摘取雄花涂抹雌花。操作时可能会因花粉涂抹不匀，受精不充分而影响种子产量。王凤鹤（1989）将蜜蜂授粉与人工授粉进行了比较，结果证明：在 667 米^{2}的棚内放一群蜜蜂为长春密刺黄瓜制种授粉，蜜蜂授粉比人工授粉 667 米^{2}增产 4 555 克，增产 43.5%。

姜立纲在花椰菜制种中对蜜蜂授粉活动及其效应进行观测，发现蜜蜂授粉明显好于人工授粉，能提高花椰菜籽产量60%~112%。在一个50米²的网棚内放入数量为1 600只（0.6脾蜂）左右的蜂群是适宜的，既不浪费蜂群，又能达到较为满意的授粉效果。

麻继仙（2015）以自交不亲和系作母本，开展种植方式对棚室蜜蜂授粉花椰菜杂交制种产量的影响研究。结果表明：双亲的种植方式对产量有较大影响，双亲行比1∶1的种植方式较2∶2种植方式能有效提高花椰菜网室杂交制种种子的产量，种子单株产量和总产量均有极显著差异，平均单株产量提高15.08克，每公顷种子产量提高了316.65千克。

朱长志（2015）在大棚青花菜蜜蜂授粉制种技术要点中提及，在选育雄性不育材料的过程中，既要考虑亲本材料间的亲和性，又要朝花色鲜艳、蜜腺量大、花朵形态正常、花香强等吸引蜜蜂的方向选育。对于母本材料而言，主要是选育花粉量大、活力强、亲和性高的材料。对父母本材料进行针对性的选育，提高不育材料对蜜蜂的吸引力，增加蜜蜂访花次数和携带花粉的量等，从而提高授粉成功率。

浙江大学林雪珍将蜜蜂授粉应用于萝卜制种（图5-56、图5-57）。蜜蜂授粉区的结荚率为87.01%，人工授粉的结荚率为46.86%，蜜蜂授粉比人工授粉提高了40.15%；蜜蜂授粉每荚结籽数为2.84粒，人工授粉为2.72粒，蜜蜂授粉比人工授粉约提高了4.41%；蜜蜂授粉667米²平均产量为31.08千克，而人工授粉区为13.84千克，蜜蜂授粉比人工授粉约增产124.57%。蜜蜂授粉增产和节约人工费两项合计，667米²增加经济效益11 246元。

图 5-56　蜜蜂为胡萝卜授粉（邵有全　摄）

图 5-57　胡萝卜制种蜜蜂授粉现场（邵有全　摄）

戈加欣（2004）采用中蜂授粉代替人工授粉，可提高榨菜种子产量41%以上，翌年播期种子发芽率比对照组高 5.5%。一般地，每 320 米^{2}网棚种植的榨菜，需配备 5 000 只以上的蜜蜂才能较好开展授粉工作。授粉试验中观察发现，晴天上午，植株上部花朵湿度比下部花朵干得早，花药就散开得早，蜜蜂喜欢在上部访花采蜜；接近中午时，棚膜反光强烈，上部花朵因高温而泌蜜量下降，同时蜜汁逐渐蒸发，蜜蜂转而喜欢在植株中部花朵采蜜，午后，蜜蜂喜欢在植株中下部访花授粉，这样整个植株都得到了授粉。而一般人工"赶花"授粉，每天2～3次，早晨棚内潮湿，母本又比父本长得高，花粉粒湿度大，传粉效果不尽如人意，下午，虽然父本花粉此时容易赶开飘散，而母本顶层花朵正好处在网棚高处，微环境高温低湿，雌蕊柱头、花柱分泌液黏性已逐渐下降，受精相对要难一些。

在蜜蜂进入制种区前必须注意蜂群内不应有要开展授粉植物的花粉，以免造成混杂，导致制种种性不纯。应选择在隔离条件较好的网棚内进行授粉。存在生殖隔离的几个品种可以在一个网棚内同时开展授粉。为使蜜蜂不至于因身上携带其他花粉造成制种混杂，因此必须将用于制种的蜂群关箱饲喂5天，以便蜜蜂身上携带的花粉消耗和失活，确保进入隔离区内的蜜蜂身上比较干净。制种田蜂群数量的多少，直接关系到蜂群在田间的稳定性，蜂群内个体数量过少，会导致授粉工作蜂数量不足，使授粉效果受到影响。蜂群内个体数量过多，蜂群消耗蜂花粉的数量相应就大，单靠制种植物可能会粉源不足，此时就要适时给蜂群饲喂与制种作物品种不同的植物源花粉，以免影响蜂群的正常繁殖。适当的蜂群数量是确保制种产量和质量的技术措施，为种植面积较小的制种作物授粉的蜂群只要用2～3脾的小群即可，一般长势中等的制种田块，1 333 米^{2}面积配置一箱强群蜜蜂授粉；长势旺盛的制种田块，667 米^{2}面积配置一箱强群蜜蜂授粉较为适宜。强群蜜蜂一般是指蜂量在6足框以上的蜂群。

五、农作物及牧草类增产技术

农作物大部分都是风媒花植物和自花授粉结实的，因而蜜蜂授粉对提高产量和质量影响不大，如水稻、小麦、谷子和玉米等。这些通过风传播花粉从而结实的植物，对昆虫传粉依赖性不强，但是有昆虫授粉也有增产作用。

（一）棉花

棉花是我国主要的经济作物，被列为自花授粉作物。棉花蜜腺丰富，蜜蜂喜欢采集，每次可采 4 ~ 10 朵花。棉花授粉时蜂群管理重点是预防农药中毒。郑军（1980）研究了蜜蜂授粉在提高棉花产量和质量上的作用。研究结果表明：蜜蜂授粉区每 667 米^2 产棉花 121.5 千克，而无蜜蜂授粉小区仅产棉花 81.19 千克，产量提高约 49.6%。有蜂授粉区结铃率为 95%，而无蜂授粉区结铃率为 31.43%；蜜蜂授粉区有伏铃 3 436 个，而对照区仅有伏铃 2 474 个，伏铃增加约 38.9%。蜜蜂授粉区秋铃有 3 826 个，无蜂区有 3 208 个，提高约 19.26%。蜜蜂授粉区皮棉率平均为 44.77%，而对照组皮棉率平均为 40.55%，增加 4.22%；蜜蜂授粉区每朵棉花孕籽平均为 8.474 粒，无蜂授粉区为 8.08 粒。蜜蜂授粉后种子的发芽势增加 5%，发芽率增加 29%。蜜蜂授粉使棉花花期缩短，收获期可提前 7 天。

杂交棉以人工去雄授粉制种为主，随着劳动者工资大幅上涨，利用人工授粉制种成本越来越高，因此，降低棉花制种成本，提高制种产量，成为当前杂交棉推广的一个重要前提。王志刚（2008）利用哈克尼西棉胞质不育系及其对应保持系作亲本，在网室中进行蜜蜂传粉制种试验。结果表明：蜜蜂的数量和棉花的株型对棉花制种产量影响较大。利用蜜蜂传粉时，不育系的生育期延长，霜前花率、衣分和单铃重低于保持系，绒长和比强高于保持系。棉花不育系 1038A 利用蜜蜂授粉的棉籽产量仍达到人工授粉的 83.7%。

吴翠翠（2016）在网室内利用蜜蜂进行棉花不育系授粉，以人工授粉为对照，调查晴天与阴天蜜蜂在棉花保持系和不育系花朵上的造访频率和单花停留时间，并比较蜜蜂和人工授粉田间农艺性状、制种产量及成本。结果表明：晴天条件下，蜜蜂在棉花保持系的造访频率为 60 次 / 时，不育系为 49.2 次 / 时，差异显著；阴天条件下，蜜蜂在保持系的造访频率为 23.4 次 / 时，不育系为 13.8 次 / 时，差异不显著。蜜蜂授粉和人工授粉单铃籽粒数有显著差异，而单株铃数和空果枝数差异达极显著，果枝数、铃重、衣分、子指、发芽率则无显著差异。蜜蜂授粉种子产量可达人工授粉的 70% 左右，但其制种成本远低于人工授粉，可节约费用 2/3。

（二）荞麦

荞麦作为我国主要蜜源作物之一，花朵大、开花多、花期长、蜜腺发达、有浓密的香味，泌蜜量大，蜜蜂非常喜欢采集，大面积种植荞麦可促进养蜂业和多种经营的发展。反过来，蜜蜂在采集荞麦蜜的过程中可以传花授粉，较大幅度地提高荞麦的受精结实率、产量、质量，提高人们种植荞麦的积极性，扩大荞麦种植面积。

逯彦果（2008）通过对蜜蜂荞麦授粉区和对照区在千粒重、产量和出粉率的测定分析，结果发现：蜜蜂授粉区的荞麦种子千粒重比对照区提高 0.22% ~ 23.26%，产量提高 3.38% ~ 51.59%，出粉率提高

0.06% ~ 10.11%，见表 5-15、表 5-16。

表 5-15　蜜蜂不同授粉距离对荞麦千粒重的影响

授粉区不同距离与对照区（米）	平均千粒重（克）	千粒重提高率（%）
100	34.02±0.01 a A	23.26
500	33.82±0.01 b B	22.54
1 000	32.56±0.01 c C	17.97
2 000	32.34±0.01 d D	17.17
3 000	31.18±0.04 e E	12.97
4 000	27.83±0.03 f F	0.83
5 000	27.66±0.03 g F	0.22
对照区	27.60±0.01 g F	

表 5-16　蜜蜂不同授粉距离对荞麦产量的影响

授粉区不同距离与对照区（米）	平均产量（千克）	每亩产量（千克）	增产率（%）
100	14.78±0.18 a A	147.8	51.59
500	14.20±0.13 b B	142	45.64
1 000	13.68±0.22 c C	136.8	40.31
2000	12.55±0.20 d D	125.5	28.72
3 000	11.54±0.16 e E	115.4	18.36
4 000	11.01±0.43 ef EFG	110.1	12.92
5 000	10.08±0.17 fg FG	100.8	3.38
对照区	9.75±0.11 g G	97.5	

（三）大豆

大豆是粮油兼用作物，是动物饲料的主要蛋白质原料，种植面积居世界第三位。大豆是典型的自花授粉作物，天然异交率较低。正常的大豆品种不用昆虫授粉就能够正常结实，但在利用"三系"（不育系、保持系、恢复系）生产大豆杂交种的过程中，不育系繁育和杂交种制种必须借助人工授粉或昆虫传粉才能结实。利用昆虫传粉，提高大豆的异交结实率，主要是针对用"三系"生产大豆杂交种时，如何提高制种产量这一问题而进行的。

葛凤晨在野外田间进行了累计15公顷的杂交大豆田间蜜蜂授粉试验（图5-58、图5-59）；同时还进行了近600个网棚占地4公顷的杂交大豆授粉试验。2004年蜜蜂授粉的杂交大豆结实率为48.6%；2008年达73.8%，2009年在父母本1：1的情况下每公顷实产大豆杂交种792.7千克；2011年进行大规模网棚内蜜蜂授粉，繁育不育系126个，最高结实率达80%；配制杂交组合543个，最高结实率达90%。

图5-58 蜜蜂为大豆授粉（邵有全 摄）

图 5-59 大豆蜜蜂授粉现场（邵有全 摄）

武文卿（2016）为提高大豆不育系的异交结实率，研究了授粉方式与蜂群群势对杂交大豆产量与品质的影响。采用人工授粉、自然授粉和蜜蜂授粉 3 种方式，小蜂箱蜂脾 1 脾、2 脾、3 脾三种蜂群的群势对网室杂交大豆进行授粉。统计分析大豆花期采集蜂数量、采集蜂出勤规律、不同节位的结荚率、父母本大豆产量性状，比较 3 个处理方式的授粉效果。随着网室内蜜蜂脾数的增加，出勤采集蜜蜂数量也随之增加，蜜蜂访花最活跃的时间均集中在 9：00～13：00。不论是自然授粉还是蜜蜂授粉后，大豆都表现为母本中上部节位的结荚率高于下部。与自然授粉相比，蜜蜂授粉杂交大豆母本的单株结荚率、单株粒数、单株产量显著提高（$P < 0.01$），百粒重有所减少。蜜蜂授粉方式优于自然授粉和人工授粉方式，1 脾蜜蜂授粉区内单株荚数为 49.4 个，单株粒数为 96.1 粒，千粒重为 208 克，单

株产量为 196.6 克。蜜蜂授粉提高了母本的大豆结籽产量，小蜂箱 1 脾（即标准脾 0.5 脾）蜜蜂即可满足 20 米^2 网室杂交大豆的授粉。

马卫华（2016）为增加蜜蜂访问大豆花的积极性，提高杂交大豆的结荚率，利用巢内悬挂幼虫信息素和饲喂 8-Br-cGMP、豆花糖浆处理蜂群，对照组为饲喂糖浆（1∶1）的蜂群。采用收集花粉、摄像观察和荧光定量的方法，对 3 种处理蜂群的花粉重量、采集蜂数量和 Amfor、Ammvl 的 mRNA 相对表达量进行比较。采用浓度梯度筛选出的 400LEqu 幼虫信息素和 0.5 毫克/升 8-Br-cGMP、豆花糖浆处理蜂群，对照组大豆花粉重量百分比为 3.05%，3 个处理组分别为 10.42%、8.53% 和 5.99%，400 LEqu 幼虫信息素、0.5 毫克/升 8-Br-cGMP 与对照组之间存在显著差异（$P < 0.05$）。采集大豆花粉的蜜蜂数量百分比，对照组为 55.09%，3 个处理组均高于对照组，处理组之间均不存在显著差异（$P > 0.05$）。3 种处理方式均可以提高蜜蜂采集大豆花粉的积极性，提高采粉蜂数量，增加访问大豆花的概率。

（四）苜蓿

苜蓿是富含蛋白质的饲料，紫花苜蓿为豆科苜蓿属多年生宿根草本植物，因其营养价值高、适口性好，易消化，而被称为牧草之王。紫花苜蓿自花授粉率低，利用授粉昆虫辅助授粉是提高紫花苜蓿单位面积种子产量和经济效益的有效途径。蜜蜂在采访苜蓿花时，平均 40 朵花中可打开 1 朵完成授粉，蜜蜂每分钟可访 13.1 朵苜蓿花，因此一只采集蜜蜂每 3 分可为一朵花授粉（图 5-60）。

图 5-60　蜜蜂为苜蓿授粉（张旭凤　摄）

高加索蜜蜂（*A. mellifera caucasica*）饲养管理方便、技术成熟、成本低。石凤善（2009）研究了高加索蜜蜂对俄罗斯紫花苜蓿授粉效果，结果表明：高加索蜜蜂吻特长，达 7.2 毫米，每天访花始于 9∶00，访花高峰为 12∶00，访花结束于 18∶00。访花适宜气温为 15 ～ 25℃，访花速度为 30 ～ 40 朵 / 分，日平均访花次数为 1.98 万 ～ 2.64 万朵 / 只。高加索蜜蜂给俄罗斯紫花苜蓿授粉的有效放蜂容量为 125 000 只 / 公顷以上（6 个以上强群高加索蜜蜂），俄罗斯紫花苜蓿种子产量最高为 1 067.6 千克 / 公顷。

刘祥伟（2011）进行了蜜蜂为紫花苜蓿授粉的增产效果研究。在黑龙江省农科院佳木斯分院、佳木斯市华南二道沟村、佳木斯市郊区长发镇长虹三队，分别选择 3 个蜜蜂授粉试验区、3 个无蜜蜂对照区及 3 个空白对照区。试验 1 区网内蜜蜂授粉的紫花苜蓿籽产量为 1 067.6 千克 / 公顷；网外无蜂对照区紫花苜蓿籽产量 720.6 千克 / 公顷；空白对照区紫花苜蓿籽产量为 0 千克 / 公顷。网内蜜蜂授粉区紫花苜蓿籽产量比无蜂对照区提高 51.9%；无任何昆虫授粉的紫花苜蓿不结籽。试验 2 区网内蜜蜂授粉的紫花苜蓿籽产量为 973.6 千克 / 公顷；网外无蜂对照区紫花苜蓿籽产量 631.8 千克 / 公顷；空白对照区紫花苜蓿籽产量为 0 千克 / 公顷。网内蜜蜂授粉区紫花苜蓿籽产量比无蜂对照区提高 41.4%；无任何昆虫授粉的紫花苜蓿不结籽。

（五）红三叶

红三叶，也叫红车轴草、红花苜蓿、三叶草，为豆科多年生草本植物，是重要的牧草品种之一，可以青饲、青贮、放牧、调制青干草、加工草粉和各种草产品。近年来的研究表明，红三叶含有黄酮类物质、蛋白质、氨基酸、糖类和维生素等成分，由于黄酮类物质有抗癌作用而使红三叶格外受人关注。红三叶必须依赖昆虫授粉才能结实，它对昆虫授粉有着高度的依赖性。

田自珍（2013）提出蜜蜂为红三叶种子生产授粉的配套技术。由于红三叶初花时期有大量的其他蜜源植物开花，为了增强蜜蜂对红三叶授粉的专一性，蜂群最好在红三叶开花 10% ~ 15% 时进入，并在进场后的前几天结合诱导饲喂。红三叶的花期不同、长势不同以及蜂群群势不同则授粉密度也不同，在一般情况下应按照 0.27 公顷 / 群（12 足框 / 群）进行配置，但不要高于这个密度。对于授粉距离，在条件允许的范围内，应尽可能缩短，一般不要超过 1 000 米，以 500 米之内为最佳。

专题六

农业生产应用的其他授粉昆虫

地球上，昆虫占动物种类总数的 3/4，其中约有 7 个目 22 个科的昆虫能够授粉，膜翅目的 11 个科授粉能力最为突出。膜翅目的蜜蜂总科是最为理想的授粉昆虫，本专题详细介绍了已经驯化可为作物授粉的一些昆虫种类及其生活方式、繁殖规律、访花授粉特点，以及人工繁殖和利用措施。

一、切叶蜂科授粉昆虫

（一）壁蜂

壁蜂是苹果、梨、桃、樱桃等蔷薇科果树及大棚蔬菜的优良传粉昆虫。全世界已知壁蜂约有 341 种。壁蜂为野生独居性昆虫。具有耐低温、采集速度快、不需要人工饲喂、便于管理的特点。

1. 授粉壁蜂种类

我国已记述壁蜂 36 种，壁蜂族（*Osmiini*）有 10 新种，授粉研究应用较多的壁蜂种类主要有：角额壁蜂（*Osmia cornifrons*）、凹唇壁蜂（*O. excavata*）、叉壁蜂（*O. pedicornis*）、紫壁蜂（*O. jacoti*）和壮壁蜂（*O. taurus*）5 种。凹唇壁蜂分布最广，分布在辽宁、山东、河南、河北、陕西、山西、江苏等地。角额壁蜂和紫壁蜂主要分布在渤海湾地区，壮壁蜂主要分布于我国南方，叉壁蜂主要分布于江西和四川等地。

2. 授粉壁蜂生活史

5 种壁蜂均为 1 年发生 1 代。壁蜂的雄蜂在自然界中的活动时间只有 20 ~ 25 天，完成交配活动后死亡。壁蜂的雌蜂在自然界中活动时间为 35 ~ 40 天。在华北地区自然条件下，成蜂在 4 月上旬产卵，幼虫取食时间是 4 月下旬至 6 月上旬，孵化在 6 月下旬。幼虫取食完花粉团并结茧后转为前蛹。角额壁蜂 7 月底至 8 月上旬化蛹，8 月中下旬羽化；凹唇壁蜂

8月上中旬化蛹，8月下旬至9月上旬羽化；紫壁蜂则是9月上旬陆续化蛹，9月中下旬羽化为成蜂；成蜂的滞育时间为210～270天，以专性滞育状态越秋越冬。成蜂只有经历冬季长时间的低温和早春的长光照，才能打破滞育。当环境温度达12℃后，在茧内休眠的成蜂苏醒，破茧而出，开始进行寻巢、交配、采粉、筑巢和繁衍后代等活动。壁蜂茧可在人工低温条件（1～5℃）进行储存以延长成蜂的滞育时间，为开花较晚的果树或者设施栽培作物进行授粉。

3. 授粉壁蜂访花特性

（1）采集时间长，耐低温　杨龙龙等研究表明，凹唇壁蜂和角额壁蜂每天从6:00～7:00出巢采集花粉，直到18:00～19:00才停止访花采粉，每天活动时间在12小时以上；飞行访花的起始温度要求比较低，各种壁蜂在花期气温12～16℃时即能正常采粉、采蜜和营巢。而蜜蜂的活动适温是20～30℃，低于17℃时，不利于访花授粉，所以壁蜂对早春果树花期的气候更适应。

（2）访花速度快　凹唇壁蜂和角额壁蜂每分钟访花10～16朵，日访花量可达6 000余朵，紫壁蜂每分钟访花7～12朵，日访花量达4 000朵以上，而采粉的蜜蜂（意蜂）每分钟访花5～8朵，日访花仅720朵。

（3）授粉能力强，坐果率高　据观察，壁蜂访花与柱头接触率为100%。凹唇壁蜂1次访花坐果率达92.9%，紫壁蜂为77.6%，意蜂为42.5%，人工授粉的花朵坐果率为24.41%，自然授粉为14%，显然壁蜂授粉能力更强。

4. 壁蜂授粉技术的研究与应用

壁蜂授粉技术主要用于红富士、乔纳金苹果、岗山白、33号大桃、杏、李子、苹果梨等优良新品种果树花期授粉，也用于大白菜的亲本繁育、沙田柚、杧果、大棚栽培的杏、桃、樱桃和草莓的花期授粉，都取得了显著的增产效果。

使用壁蜂授粉可显著提高作物产量和品质，提高其经济效益。利用凹唇壁蜂授粉，果树花朵坐果率比自然授粉提高30%以上，对自然坐果率较低的树种尤为明显。凹唇壁蜂授粉效果因果树的树种和品种而异，与自然授粉相比，杏树花朵坐果率提高0.4～2.7倍，樱桃提高0.8～2.3倍，桃树提高0.35～0.45倍，梨树提高0.43～1.3倍，富士苹果提高0.3～2.7倍，金元帅苹果提高0.3～1.4倍，苹果、梨的单果含种量增加2～4倍，果形端正，单果重增加5～20克。

葫芦岛市连山区塔山乡，利用角额壁蜂授粉的红富士、乔纳金花朵坐果率为61.7%，自然授粉的坐果率29.6%。秋季进行果品质量调查表明，壁蜂授粉的果形端正，着色好，果个大，种子发育饱满。单果重增加25～35克，横径增加18%～30%。从投入成本看，壁蜂授粉每次投入50元，可多年受益，树冠内、外、上、下授粉均匀。而人工点授每667米^2，每个人工按30元计，共180元，需年年找人工，并且果树上、中部位等处往往难以授到。应用壁蜂授粉解除了人工授粉的诸多烦琐，且极大地提高了授粉的效果和效率，节省了工时费。北京顺义利用壁蜂授粉的杏可提前1周采摘，特级和I级果在84.45%，产量增加255%。授粉后的另一个特点，果实生长快、个大、果形端正、着色也好，在果树合理负载的条件下，单果增重 10～20 克，横径增加 0.3～0.8 厘米，1 级果品率提高 30%，品质显著提高，采摘期提前 3～5 天。由于品质优良，授粉杏在北京市场售价比普通杏高 1 倍左右。刘新生等在樱桃园内释放凹唇壁蜂进行授粉，结果发现壁蜂授粉坐果率与人工授粉差异不显著，而极明显高于自然授粉。区善汉等利用壁蜂为沙田柚进行授粉试验，结果表明：壁蜂辅助沙田柚授粉有一定的效果，其坐果率可达到人工异花授粉的 40% 以上。姜立纲等利用凹唇壁蜂在青花菜进行制种，种子产量提高 4～5 倍。杨秀武等利用角额壁蜂为杧果授粉，试验表明杧果有显著的增产。马志峰等利用壁蜂在小网棚进行油菜制种，发现壁蜂对小网棚油菜制种环境有较好的适应性，制种产量比人工授粉提高 177.5%，并大幅度降低了授粉费用。吴翠翠等研究了壁蜂在棉花不育系中的授粉特点，结果表明：壁蜂授粉后的棉铃畸形率较人工授粉小，种子大小、发芽率与人工授粉无显著差异，制种产量为人工授粉的 60%，但利用壁蜂授粉种子成本仅约为人工制种的 40%。

5. 壁蜂授粉技术应用管理

利用壁蜂授粉可提高作物产量和改善品质，但应注意以下几个方面。

（1）在放蜂前 10～15 天喷施杀虫剂和杀菌剂　如果在临近果园开花和释放壁蜂茧时，发现某一种病虫危害较重时，可采用选择性农药（如阿维菌素、浏阳霉素、农抗 120 等）进行防治。放蜂期间禁止喷任何药剂（包括杀菌剂），防止壁蜂不进巢或不访花。

（2）蜂箱和巢管的规格要适当，选择壁蜂喜欢的材质和颜色　研究表明：壁蜂用苇管营巢比例最高，其次是纸管；红色巢管的营巢比例最高，巢管的直径为 7 毫米左右，长 10～15 厘米，见图 6-1。

图 6-1 巢管（张旭凤 摄）

（3）蜂箱的摆放位置和方向要恰当 要放在地的中央，前面开阔，后面隐蔽在树下或靠近作物，蜂箱要与地面保持一定距离，最好用架子将蜂箱架起，这样有利于防止天敌对壁蜂及巢管内幼蜂的侵害。蜂箱内巢管开口为东南方向，可使壁蜂提早出巢访花。

（4）在果树或者作物盛花期前 3～7 天进行放蜂 放蜂时间一般选择在傍晚。壁蜂从茧中出来后，在蜂箱和巢管附近活动，傍晚放蜂有利于壁蜂对于蜂巢的熟悉。释放壁蜂后，蜂箱位置千万不能移动。对于释放后 5～7 天不能破茧的壁蜂，可以采用人工破茧的方法协助成蜂出茧，提高壁蜂利用率。

（5）利用壁蜂为早春果树授粉 在初花期和开花后期，由于花粉和花蜜较少，为防止壁蜂的流失，可在蜂箱周围空地处种植油菜、白菜、萝卜等花期较长的作物来补充蜜源，也利于种群繁殖。

（6）分批放蜂 壁蜂的寿命平均为 35 天，因此为开花期较长的作物授粉时，可以进行分批放蜂，这样可以使壁蜂充分为作物授粉，而且在开花期和盛花期根据花量的多少决定放蜂的数量，提高壁蜂的有效利用率。

（7）处理网室缝隙　应用壁蜂为网室作物进行制种时，由于空间的限制，放蜂初期或者花粉、花蜜量少时，壁蜂会有逃离网棚撞网的现象，因此要将网室的缝隙处理好，防止壁蜂飞出，也要防止天敌（如鸟类等）的进入。

（8）选择好放蜂条件　壁蜂在晴朗无大风的条件下，访花速度快，日工作时间长，授粉效率高。而大风和阴雨天气会影响壁蜂的活动。在风速超过4级以上的天气和阴雨天，壁蜂出巢访花的数量会减少；如果遇到长时间的阴雨天气，还会导致成蜂的死亡。需用塑料布等对壁蜂蜂箱和巢管进行防潮处理，以减少成蜂的死亡率。

（9）壁蜂病害、天敌等的防治　在壁蜂繁殖过程中，由霉菌引起的病害会导致壁蜂种群数量的减少。防治主要是物理防治和药剂防治。物理防治就是在利用木制蜂巢前，对其进行干热灭菌或在太阳下暴晒，能有效地预防霉菌的产生。药剂防治是利用甲醛及硫黄熏蒸。

壁蜂天敌

壁蜂的天敌主要有蚂蚁、蜘蛛、鸟类及寄生蜂［叉唇寡毛土蜂（*Sapyga coma*）和青蜂（*Chrysis sp.*）］等。

叉唇寡毛土蜂是影响壁蜂繁殖和生存的主要天敌，它主要取食壁蜂老熟幼虫，并在壁蜂幼虫所做的茧内化蛹羽化为成虫。叉唇寡毛土蜂对紫壁蜂的寄生率为 23.1%，对角额壁蜂的寄生率为 3.0%，对凹唇壁蜂的寄生率为 30.8%。

青蜂出茧早，出茧高峰期出现在第 3 天（平均 3.0 天），角额壁蜂出茧高峰期出现在第 4 天（平均 4.1 天），青蜂的寄生率为 17%。

对寄生蜂的防治，主要是在取茧时剔除寄生蜂茧（壁蜂茧外表层的丝状物相对较厚，暗红褐色的中层不易看见，而寄生蜂茧外表层的丝状物相对较薄，暗红褐色的中层相对易看见）。这种方法的防效在 40% 左右；在果园释放壁蜂时，利用两种寄生蜂主要在蜂箱前活动的习性，用手或小型捕虫网进行人工捕杀效果很好，防效可达 95% 以上。

蚂蚁爬到蜂巢巢管内取食蜂粮、卵和幼蜂，并破坏蜂茧，影响卵和幼蜂的正常发育及雌蜂的筑巢活动。对蚂蚁的防治，可在巢箱的支架或永久性巢箱的座基上每隔 3 ~ 5 天涂 1 次机油或黄油，或采用敌百虫毒饵诱杀，可阻止地面上活动的蚂蚁爬上巢箱危害壁蜂。

蜘蛛在巢箱开口及巢管管口处拉网捕食营巢的雌蜂及在巢附近飞行的雄蜂，阻碍雌蜂在原巢管营巢，使雌蜂重新定位、选巢，缩短了雌蜂的有效活动时间。

对蜘蛛类的防治，应在放蜂期间注意清除和消灭巢箱内外及果树上的蜘蛛。

对麻雀等鸟类活动较多的果园，可在 7:00 ~ 8:00 壁蜂陆续出巢时，在蜂箱前设鸟网，以阻止鸟类对壁蜂的捕食危害。

（10）做好巢管的回收与冬储工作　收回巢管的最佳时间是果树全部谢花后 20 天。收回巢管过早，壁蜂后期营巢的花粉团水分尚未蒸发，回收时易使花粉团变形，将壁蜂卵粒或初孵幼虫埋入其中，使卵粒不能孵化，初孵幼虫窒息死亡；回收过晚，蚂蚁、寄生蜂等壁蜂的天敌害虫会进入未封的巢管内取食花粉团和壁蜂卵，一旦这些天敌害虫随巢管带入室内，会长时间地危害壁蜂的卵、幼虫、蛹和成虫。

巢管回收注意事项

　　一是注意巢管要轻收轻放，避免强烈震动，禁用机动车运输；二是注意在捆装、运输及室内储存等过程中，巢管要平放，不得任意将巢管直立存放，以防花粉团变形，影响壁蜂正常生长发育，甚至导致死亡。

冬储过程中，壁蜂的代谢率很低，需要的氧气不多，但为了避免壁蜂闷死，在整个冬储期中可以打开容器换气 2 ~ 3 次，同时检查有无发霉的现象。

应用壁蜂为果树授粉的效益十分显著，其技术已基本完善，发达地区也进入大面积应用阶段，是提高坐果率、产量和改善果品品质的有效措施之一，其方法简便、成本低、易于推广，且壁蜂可集中收集供应。该项技术适于北方果树生产区应用，尤其在北方省份春季果树开花期气温多变、授粉不良的条件下应用的前景广阔。

（二）切叶蜂

切叶蜂（*Megachile sp.*）常在枯树或房梁上蛀孔营巢，将植物的叶片切为椭圆形片状，放在巢内，隔成 10 ~ 12 个巢室，储存花粉和花蜜的糊状混合物供幼虫食用。

1. 授粉切叶蜂种类

切叶蜂的种类较多，其分布广、数量多，不像蜜蜂那样成群居住，营社会性生活，但与同类住得很近，喜欢在人类提供的筑巢材料中生活，因而它是少数几种能够大量家养的昆虫之一。授粉效果较好的品种有苜蓿切叶蜂、淡翅切叶蜂、北方切叶蜂等。

2. 授粉切叶蜂生活史与生物学特性

切叶蜂营独栖生活，每年繁殖 1 ~ 2 代。寡食性或多食性，采访苜蓿（图6-2）、草木犀、白三叶草、红三叶草等多种豆科牧草，也常见采访薄荷、益母草、野坝子、香茶菜等唇形科植物。雌蜂的成虫期为 2 个月左右，在填充有花粉和花蜜（蜂粮）的巢室里产卵。卵经过 2 ~ 3 天孵化成幼虫，幼虫乳白色，无足，体表多皱，取食巢室内的蜂粮，幼虫期 2 周。幼虫老熟时化蛹，蛹皮薄而透明；蛹初期为白色，后逐渐加深，变为灰黑色，蛹体被苜蓿叶包裹，又称蜂茧。苜蓿切叶蜂以蜂茧的方式越冬，翌年春季或夏季在适宜的条件下羽化为成虫。

图6-2　切叶蜂为苜蓿授粉（张旭凤　摄）

切叶蜂分雄蜂和雌蜂两种，雄蜂主要是和雌蜂交配，没有采集授粉能力。雌蜂有产卵繁殖后代的能力，也是主要的授粉者。雄蜂早于雌蜂5天羽化，雌蜂从茧中羽化出来就可与比它先羽化的雄蜂交配，尽管雄蜂可交配多次，但雌蜂只交配一次。雌蜂有一个螫针，但很少用它，蜇人时只会引起一点儿疼痛，这就为人工饲养带来了方便。交配后的雌蜂适当取食花粉和花蜜后，就到蜂箱中寻找合适的巢孔，开始切叶筑巢活动。首先用上颚在苜蓿或三叶草等植物下部比较衰老而柔软的叶片或花瓣上切取长圆形小片带回蜂箱，从巢孔的底部开始做成筒状的巢室。然后采集花粉与花蜜，混合成花粉团（称为蜂粮）填于室内。当花粉团装满巢室的2/3时，采集少量花蜜放于其中并产1枚卵，最后切取2～3块圆形叶片封住巢室，以同样的方式和步骤做第2个、第3个巢室，各室头尾相接，1个100毫米长的巢孔最多可做10～11个巢室。最后在巢孔的入口处填一厚叠圆形叶片封住巢孔，防止天敌及恶劣环境的侵袭。1只雌蜂有做30～40个巢室的能力，但在田间条件下，一般只做12～16个巢室。一只雌蜂在其生活周期内可以生存两个月并能产30～40粒卵。从巢房中孵化出的成蜂有2/3是雄蜂。卵在2～3天孵化，并且幼虫是在巢房中吃食物，继续发育，在产卵后23～25天羽化为成虫。

3. 授粉切叶蜂访花特性

切叶蜂喜欢阳光充足、温暖、少雨而有灌溉条件的地区。在这种环境中，切叶蜂的飞行、授粉时间长，对于授粉和切叶蜂的繁殖都极为有利。而低温或高温、多雨对其不利，狂风暴雨会造成灾害。

2006年王凤鹤等对苜蓿切叶蜂在苜蓿花期的田间授粉活动、筑巢动态及其世代变化等进行了详细观察，揭示了切叶蜂授粉活动规律。温度和光照强度影响雌蜂一天飞行时间的早晚与长短，早晨气温升高到 21℃ 以上，阳光充足时雌蜂才能出巢活动，开始一天的工作。雌蜂每次往返飞行采访花朵的数量和单位时间内采访花朵的数量都受天气条件、农业状况和苜蓿品种的影响。据观察，在低温、多云和植物花较稀的情况下，1 分采访 5 朵花，而在高温、晴朗和植物花稠密的条件下，1 分可采访 25 朵花。

雌蜂采访速度快，雌蜂落在苜蓿花的龙骨瓣上，前足抱握花茎部，中足和后足站在翼瓣端，头部伸入旗瓣基部，在喙伸入花管吸取花蜜的同时，压开龙骨瓣，使苜蓿的雄蕊和雌蕊释放出来，并轻轻地打在蜂的头部及胸部下面，花粉飞溅出来，雌蜂用前足和中足刷下头部及胸部体毛上的花粉，并由前足传到中足，再到后足，最后送到花粉刷上。在采集下一朵花的花蜜的同时，前一朵花的花粉就落到后一朵花上，完成了授粉的过程。

4. 苜蓿切叶蜂授粉技术的研究与应用

研究人员发现，以松木为材料，孔径为 7 毫米的蜂巢板组装的蜂箱最好，在这种蜂箱中，可以比较经济地繁殖出雌蜂比例高、个体大、授粉能力较强的蜂。蜂茧在 5℃ 冰箱中储存越冬，翌年初夏取出，在 29～30℃ 的孵蜂箱中孵育，在苜蓿留种地的初花期释放于田间。每亩用蜂 1 500～3 000 只都可以提高苜蓿的异花授粉率，种子增产 50%～100%。

切叶蜂用来为农作物授粉有许多优点，尤其是在为苜蓿授粉上表现出色。加拿大阿尔伯塔省的资料表明，采用切叶蜂授粉技术苜蓿种子产量是自然状态下的 7 倍，是蜜蜂授粉的 5.5 倍。加拿大利用切叶蜂授粉苜蓿种子产量提高 1～5 倍，而且种子发芽率也明显提高。

杨桂华等报道了苜蓿切叶蜂雄蜂在网室内对大豆不育系授粉的效果。结果表明：尽管雄蜂的传粉效率显著低于雌蜂，但雄蜂在网室内的传粉效果还是非常显著的。释放雄蜂网室内大豆不育系 JLCMS8A 和 JLCMS17A 的平均单株结荚数和粒数分别为 10.3 个、16.6 粒和 37.8 个、84.3 粒，分别是释放雌蜂后结荚率和结实率的 35.0%、34.9% 和 77.5%、70.2%。过去数年的研究结果表明：所有不育系在网室内没有传粉昆虫时，结荚率和结实率均低于 3%，表明苜蓿切叶蜂雄蜂在网室内是大豆不育系有效的传粉昆虫。

5. 苜蓿切叶蜂授粉技术应用管理

（1）蜂箱　在使用前必须对蜂箱进行清洁、消毒，严密组装，加拿大的切叶蜂蜂箱箱面常漆成黑色或白色，然后用蓝色或黄色等彩色油漆画出一些图形以增强对蜂的吸引力和蜂对巢孔的识别能力。

（2）防护架　防护架能保护蜂箱和筑巢蜂免受恶劣天气袭击，使采集蜂容易看见并迅速返回蜂箱，其大小应考虑搬运是否方便、冬储空间的大小和授粉区域范围等。目前，推广的防护架大约是宽 2.4 米 × 深 1.2 米 × 高 1.8 米，放 6 个蜂箱。防护架的设计与选材必须考虑其遮光、隔热、防雨和防风等性能。防护架的背面和两侧要漆出黑白相间的纵向条纹，顶上漆成黑色，以增强蜂的识别能力。在田间安放时，1.2 公顷放置 1 个架子，面向正东。一般雌蜂为苜蓿授粉向东飞行的距离是向西的 2 倍，因此架子要放在靠西边的位置，要安装牢固，防止因大风或人为原因而翻倒。

（3）放蜂时间　放蜂与花期同步，苜蓿初花期开始放蜂，于无花授粉或种子收获前结束，使蜂的羽化与开花同步为技术比控制作物开花的技术更容易，因而设计和使用适宜的孵蜂器十分必要。经过冬季冷藏的蜂茧发育整齐，可以准确地预测出羽化期，在温度为 28 ~ 30℃、相对湿度为 60% ~ 70% 的孵蜂器中孵育 19 ~ 20 天，雄蜂开始羽化，第 21 ~ 22 天雌蜂开始羽化，雌蜂羽化即可放蜂。因此，可根据天气预报预测苜蓿的开花期，在开花前 21 天开始孵蜂。在孵蜂期间，如果预报有低温或高温日期出现，苜蓿开花期将要延迟或提前几天，应适时降低或提高孵蜂温度，使蜂延迟或提前羽化。在 25 ~ 32℃ 蜂的发育速率随温度的升高而增加，发育起点为 16℃，雌蜂开始羽化的有效积温为 295℃。

（4）授粉期管理　苜蓿开花初期，将切叶蜂专用蜂巢和蜂茧放入田间，蜂巢面向东南方向，每亩放蜂 2 000 ~ 3 000 只，如果在比较温暖、自然授粉昆虫较多的地区，每亩放 1 500 只左右即可。除在田间设置水源外，其周围还应种植一些蔷薇科的植物，如玫瑰、月季等，因为该植物叶片有利于切叶蜂繁殖。

授粉期管理注意事项

①在放蜂前 1 ~ 2 周使用杀虫剂控制苜蓿害虫，花期勿使用各种杀虫药物。

②初花期释放大量授粉蜂，达到快速授粉的目的。

③必要时可在盛花后期，在夜间使用有效杀虫剂控制盲蝽、蚜虫等危害。

④在切叶蜂授粉繁殖期间，防止其他寄生蜂侵入切叶蜂巢管，最好在寄生蜂少的地方进行苜蓿繁种放蜂。

⑤授粉适宜温度为 20 ~ 30℃。

（5）收蜂、脱茧和冬储　在吉林省、黑龙江省 8 月中下旬，将蜂箱从田间收回，温室下存放 2 ~ 3 周，让未成熟的幼虫达到吐丝结茧的预蛹阶段，然后取出蜂巢板，细心打开，用适合在凹槽中滑动的竹片或木片将蜂茧取出（大规模生产是用特制的脱茧机），去除其中的碎叶、虫尸体等杂物后，在阴凉处干燥、测产，最后用塑料袋（或塑料桶）等容器分装，密封储存于 5℃的冷藏室中过冬，直到翌年需要时再取出。在北京及山东等地，未进行苜蓿授粉的蜂于 6 月下旬收蜂，由于该蜂是多性品系，这一代蜂绝大部分不进入滞育而要继续发育羽化，因此收蜂后必须及时脱茧并运到吉林、黑龙江等凉爽的地区释放，8 月中下旬第 2 次收蜂，进行 1 年 2 次苜蓿异地授粉。装蜂容器的相对湿度要保持在 40% ~ 50%，防止蜂茧包叶发霉，冬储期间可打开容器 2 ~ 3 次进行检查和换气。如果发现蜂茧发霉，应立即倒出，阴干后继续密封储存，适度低温储存可抑制预蛹的发育和天敌昆虫的活动，防止其中的寄生和捕食生物在冬储期间对蜂茧造成伤害。

（6）病虫害防治　切叶蜂蜂箱内储存的花粉、花蜜和发育中的幼虫是许多寄生和捕食性昆虫喜爱的食物，大量集中的丰富食物源会将许多本来不是切叶蜂天敌的昆虫吸引到蜂箱中来，它们与切叶蜂的幼虫争夺食物，捕食与寄生切叶蜂或咬食筑巢材料等。在国外已发现许多种病虫害，就一个地区而言，重要的病虫害也有许多种，如不加以防范会造成很大损失。目前，在国内已发现十余种能明显造成危害的昆虫，如单齿腿长尾小蜂、啮小蜂和中华食蜂郭公虫等。在田间，天敌昆虫喜欢从蜂箱和巢板间的缝隙进入，从背面侵入巢孔危害巢室中的幼虫。因此，制作精细、组装严密的蜂箱有较好的防敌功能。在室内储藏、脱茧、干燥等过程中，要尽量清除寄生和捕食性生物，防止仓库害虫和从田间带入天敌的侵袭。因此，在工作间可用黑光灯进行诱杀。在孵蜂器中用黑光灯诱杀是最有效的防治办法，寄生物一般比切叶蜂早羽化几天甚至几十天，对黑光灯趋性很强，如果诱杀彻底可以有效控制其危害。切叶蜂的病害主要是由蜂囊菌引起的白垩病。在美国西北部一些苜蓿种子产区，发病率可高达60%，造成毁灭性危害；在加拿大主要发生在亚伯达南部，但可控制在3%以下。用3%的次氯酸钠溶液对蜂巢进行浸泡消毒，可以控制该病及其他一些霉菌病害。目前，普遍认为最有前途的是熏蒸剂多聚甲醛，它可以杀死白垩病的孢子和其他病原微生物，但对切叶蜂的筑巢没有影响。

切叶蜂繁殖速度很快，采集范围仅限于所在的场所，在未发育期可被方便而经济地运输，而且，不需要像对蜜蜂那样进行持续的护理。切叶蜂可以被运到所需要的任何地方去授粉。操作者可以放心、安全地管理切叶蜂，而不必担心被蜇。由于切叶蜂卓越的授粉功能和便于管理与运输的特点，正越来越受到各国政府的重视，在苜蓿制种和大豆杂交方面，切叶蜂具有极大的市场潜力（图6-3至图6-5）。

图 6-3　美国人工养殖收集切叶蜂蛹（邵有全　摄）

图 6-4　美国巴旦姆切叶蜂授粉（邵有全　摄）

图 6-5　美国温室大棚切叶蜂授粉（邵有全　摄）

二、熊蜂属授粉昆虫

目前，全世界约有 300 种，主要包括熊蜂亚属（*Bombus*）和拟熊蜂亚属（*Psithyrus*）。熊蜂亚属是社会性昆虫，级型分化明显，存在三型蜂（图6-6）。拟熊蜂亚属是寄生性的社会性昆虫，没有工蜂级型；拟熊蜂（*Psithyrus sp.*）的雌性蜂侵占熊蜂的蜂巢，利用寄主熊蜂繁育其后代。

工蜂　　　　　雄蜂　　　　　　　蜂王

图 6-6　熊蜂蜂群的三型蜂（邵有全　摄）

（一）授粉熊蜂种类

不同的熊蜂种，其群势大小也不一样，有些蜂种的群势，最强也只能达到几十只，这样的蜂群，授粉利用价值不高；有些蜂种的群势可高达几百只，如红光熊蜂（*Bombus ignitus*）、密林熊蜂（*B. patagiatus*）、火红熊蜂（*B. pyrosoma*）、明亮熊蜂（*B. lucorum*）、小峰熊蜂（*B. hypocrita*）和地熊蜂（*B. terrestris*）等，群势可高达 400 ~ 500 只。授粉用的熊蜂，在群势达 60 只左右时，就可引入温室进行授粉应用，一般熊蜂的授粉寿命为 1 个多月。

（二）授粉熊蜂生物学特性与人工饲养

1. 生物学特性

熊蜂在温带地区1年1代，以蜂王休眠方式越冬。以北京地区明亮熊蜂为例，简要介绍熊蜂的生物学特性。

4月中旬左右，当低温高于5℃时，蜂王出蛰，此时，蜂王的营养消耗较多，卵巢管又细又小，之后2周左右，蜂王在山桃、山杏和山柳等早春花上取食花蜜和花粉。当卵巢发育完全、形成卵粒时，就开始寻找适宜的地方筑巢，野生明亮熊蜂通常会离开原先越冬的洞穴，重新选择在老鼠等一些小哺乳动物废弃的巢穴内筑巢。首先，蜂王在洞穴内干草等杂物上泌蜡，形成一个蜡床，然后将花粉平铺在蜡床上，接下来蜂王便在花粉上产第一批卵，通常为5～8粒，然后再用蜂蜡包裹起来，形成一个卵包；同时，在卵包的附近，蜂王还会建造一个蜡杯，用来储藏花蜜。不外出采集的时候，蜂王便趴在卵包上用腹部的温度来孵化卵，卵期3～5天。卵孵化成幼虫以后，幼龄幼虫直接在蜡床上取食花粉，此时，幼虫仍被包裹在蜡包内，随着幼虫的发育，蜡包开始逐渐分隔形成一个蜡包内一个幼虫。独立的幼虫蜡包上开有一个小孔，蜂王通过这个小孔饲喂幼虫，幼虫期10～14天。幼虫化蛹以后，蜡包上的小孔消失，形成一个密闭直立的卵圆形蜡包，此时的蜡包，表面光滑，颜色鲜艳，俗称茧房，蛹期8～12天。在第一批工蜂出房以前，蜂王既要产卵育虫，又要采集花蜜和花粉，所以，第一批卵虫蛹的发育受环境温度的影响很大。第一批工蜂出房以后，很快就会参与巢内各项工作，帮助蜂王泌蜡、筑巢、采集和哺育幼虫；一般在第二批工蜂出房以后，蜂王不再出巢采集，专职产卵。随着蜂群的壮大，工蜂越来越多，此时，它们也像蜜蜂一样有了分工，有采集蜂、哺育蜂和守卫蜂。7月上旬，工蜂数量达到最大值，约150只，此时，蜂王开始产未受精卵，个别老龄工蜂的卵巢也开始发育，和蜂王竞争产未受精的卵，未受精的卵发育为雄蜂，同时一些较大的工蜂幼虫被培育成蜂王。

雄蜂和蜂王在性成熟后进行婚飞交配，雄蜂性成熟期为11～12天，蜂王的性成熟期为8～9天。在婚飞过程中，雄蜂紧追蜂王呈圆形飞行，大多数的蜂王飞行一段时间后落在树梢或者花朵上，雄蜂趴在蜂王身上，用抱握器紧扣蜂王腹部，阴茎插入阴道，然后身体后翻，并有规律性地颤动，室内观察，最短交配时间为11分，最长达118分，平均为35分；一些蜂王在飞行过程中就成功交配，见图6-7。和蜜蜂雄蜂不同，熊蜂雄蜂交配后不会立即死去，因为它可以拔出阴茎，而且，雄蜂和蜂王都有多次交配的现象。雄蜂交配后不再回巢，白天在野外取食花蜜和花粉，夜晚常在树叶下面过夜；蜂王在交配后2周左右也离开母群，独自在外面取食和过夜。1群蜂平均培育雄蜂180只左右、蜂王40只左右。

图6-7 密林熊蜂交配（邵有全 摄）

9月中下旬，天气逐渐变冷，蜂群中雄蜂和工蜂自然解体消亡。而交配后的新蜂王脂肪体发育完善，营养积累充分，准备越冬，此时，又肥又大的蜂王贴着地面慢速飞行，寻找适宜的越冬场所，蜂王通常选择在阴坡树根下的小洞内越冬。10月上中旬，当低温降低时，蜂王进入休眠状态，在洞穴内度过严寒的冬季。

2. 人工饲养

熊蜂是单只蜂王休眠越冬，翌年春季筑巢产卵繁殖，先产生工蜂，一般在夏、秋季蜂群发展到高峰期时产生雄蜂和新蜂王，处女王交配后不断地取食花蜜和花粉，待体内的脂肪体积累充分时，再以休眠的方式越冬，而老蜂群在秋末冬初时就自然解体消亡。也就是说，在自然界，熊蜂的授粉应用主要在夏、秋季，对于冬季和早春的温室蔬菜授粉需求没法满足。但在人工控制条件下，可以打破或缩短蜂王的滞育期，即一年可以繁育多代。熊蜂的周年繁育，主要应处理好以下几个关键技术环节：

（1）诱导蜂王产卵　诱导野生越冬蜂王或人工饲养的经交配、打破滞育期的蜂王产卵，这是人工饲养的第一步，也是极为重要的一环。自然越冬蜂王的产卵率高，而人工繁育蜂王的产卵率相对要低一些。

（2）蜂群的发展　饲养环境是蜂群发展壮大的关键所在，包括饲养室的温度、湿度等环境因子，熊蜂的发育日期不像蜜蜂的那么严格，它随环境因素的变化而变化，在某一环境下，从诱导产卵到成群大概需要50天左右，而在另一环境下，则可能需要100多天，所以，选择适宜的饲养环境对工厂化熊蜂群的生产极为重要。蜂群发展前期，发育较慢，在我们的试验环境下，从产第一批卵到第一批工蜂出房，大概需要21天左右，后期发育逐渐加快，从第一批工蜂出房到成群（60多只）只需2天左右。所以，在我们的试验环境下，从诱导熊蜂产卵到成群大概需要50天左右。

在这一过程中，并不是所有产卵的蜂王都可以发育成群，其中有一部分淘汰，一部分成不了大群。

（3）处女王和雄蜂的交配 在蜂群发展到高峰期时出现雄蜂和蜂王，大多数的蜂群先出现雄蜂，后出现蜂王；也有的蜂群先出现蜂王，后出现雄蜂；个别的蜂群只出现雄蜂或蜂王。人工控制条件下熊蜂的交配，是将来自不同群的性成熟的处女王和雄蜂放入交配室，在一定的性比和环境条件下交配。蜂王和雄蜂都可以多次交配，交配时间为30分左右，最长的可达2小时之久。交配后的雄蜂不像蜜蜂的雄蜂那样立即死去，而且还很活跃，也看不出与其他雄蜂有什么不同。

（4）蜂王滞育期的处理 在自然界，交配后的蜂王要经过休眠越冬，等翌年春季才可筑巢产卵繁殖。而商品化熊蜂群的生产，有时不允许有那么长的休眠时间，一般采用麻醉剂或激素等处理办法来打破蜂王的滞育期，使其在很短的时间内经历休眠期体内所要经历的生理变化，从而达到打破蜂王滞育期的目的。这一处理过程的好坏直接影响着下一代熊蜂繁育的成功与否。

（5）蜂王储存 处理后的蜂王，并不是立即全部用来继代繁育，因为熊蜂的繁育时间是由温室蔬菜授粉的需要来决定的。前面已经说过，在一定的条件下，明亮雄蜂和地熊蜂的授粉群繁育时间为50天左右，即应在温室授粉需要前50天开始繁育，50多天后刚好成群，这样才能充分利用熊蜂的授粉寿命。所以，对于不急用的蜂王，我们要想办法来储存。选择在什么样的环境下储存，蜂王的储存时间最长、死亡率最低。主要从温度和湿度两个方面来考虑这个问题。蜂王的高效储存对于工厂化熊蜂群的生产极为重要。

（6）休眠蜂王的激活　储存过的蜂王，尤其是经过长时间储存的蜂王，体内的脂肪体消耗较多，不宜直接用于繁育，而要经过一段时间的激活，待体内的营养积累充分、卵巢管发育完全时再进行繁育。这一过程需要的时间一般为几天，主要通过调节温度和饲料供给量来完成这一过程。激活后的蜂王，又要进行如上描述的周期饲养。

（三）授粉熊蜂访花特性

熊蜂个体大，寿命长，浑身绒毛，有较长的吻，对一些深冠管花朵如番茄、辣椒、茄子等的授粉特别有效；熊蜂具有旺盛的采集力，日工作时间长，对蜜粉源的利用比其他蜂更为高效；熊蜂能抵抗恶劣的环境，对低温、低光密度适应力强，即使在蜜蜂不出巢的阴冷天气，熊蜂也可以继续出巢采集；熊蜂的趋光性比较差，不会像蜜蜂那样向上飞撞玻璃，而是很温驯地在花上采访；熊蜂的声震大，对于声震作物（一些植物的花只有受到昆虫的嗡嗡震动声时才能释放花粉）的授粉特别有效，当熊蜂在番茄等作物的花上授粉时常发出"哔哔"的声音，因此，有人称熊蜂授粉为"哔哔授粉"；而且，熊蜂不像蜜蜂那样具有灵敏的信息交流系数，能专心地在温室内作物上采集授粉，很少从通气孔飞出去。因而，熊蜂成为温室中比蜜蜂更为理想的授粉昆虫，尤其为温室内蜜蜂不爱采集的具有特殊气味的番茄授粉，效果更加显著。

（四）熊蜂授粉技术的研究与应用

早在20世纪40年代，欧美国家已开始熊蜂的人工应用研究，自从20世纪80年代荷兰等农业发达国家突破了野生熊蜂的人工繁育技术以来，在全球范围内掀起了设施农业熊蜂传粉技术的热潮。我国对于熊蜂的应用研究起步较晚，1995年开始正式立项研究，1998年突破了野生熊蜂的人工繁育技术。

近几十年来，全球设施农业发展迅猛，传粉技术是设施农业发展的重要配套技术之一。传统生产应用最多的有人工蘸花、机械振动、喷涂植物生长调节剂和蜜蜂传粉等，这些方法都有一定的效果，但都存在一定的弊端。熊蜂的进化程度低，趋光性差，耐低温低光照能力强，容易适应温室的环境，对茄科植物特有的味道不敏感，设施果菜应用熊蜂传粉，不仅能够促进坐果，提高产量，更为重要的是避免了喷施植物生长调节剂而带来的激素污染，显著改善了果实品质。

1. 熊蜂为温室茄科植物授粉

茄科植物通常散发出一种特殊的味道、不分泌花蜜或花蜜很少、声震传粉的效果显著。熊蜂与茄科植物长期的协同进化，使其具备了为茄科植物授粉的所有条件。

（1）茄子　茄子花雌雄同体，自花授粉（也存在小部分异花授粉），不分泌花蜜。雄蕊松散地环绕于雌蕊，在其末端有一小开口，由于茄子花朵形态的特殊性，昆虫很难为其授粉，而熊蜂在茄子授粉表现突出，它倒挂于茄子花朵上，利用上颚和前足固定在雄蕊上，然后振动翅膀使花朵也振动，从而促使茄子雄蕊释放花粉进入雌蕊进行授粉，这就是所谓的"声震授粉"。熊蜂授粉之后会在雄蕊上留下颚咬的痕迹，过几小时之后这些痕迹会变成褐色，这些标记有利于其辨认花朵是否采访过，从而提高授粉效率。

熊蜂为温室茄子授粉，不仅使产量和果实数量显著提高，而且形态和品质也会得到很好的改善。安建东等利用熊蜂为温室茄子授粉，结果表明：熊蜂组的坐果数比人工组和对照组分别增加了 17.84% 和 33.32%，产量比人工组和对照组分别提高了 27.93% 和 41.98%，果实含糖量比人工组和对照组分别增加了 18.33% 和 21.16%。

（2）番茄　番茄又名西红柿，果实通常呈红色，可食多肉。其花也是雌雄同体，自花授粉（当雌蕊突出超过雄蕊时可产生异花授粉），不分泌花蜜。花朵轻微一动就可使雄蕊上的花粉落入雌蕊。熊蜂为温室番茄授粉的整个过程和为茄子授粉一样。

熊蜂已经广泛应用于温室番茄授粉，这是早期研究熊蜂授粉带来重大经济效益的一个典型例子。在我国，北京市巨山绿色食品中心自 1999 年开始应用国产熊蜂为温室番茄、辣椒、茄子、冬瓜和丝瓜等授粉，均取得了显著的经济效益和生态效益，其中番茄的增产最为明显，增产达 30% 以上。安建东等利用熊蜂为温室番茄授粉，结果表明：熊蜂授粉在产量上比激素和对照分别增加了 59.26% 和 142.15%，畸形果率分别下降了 67.41% 和 83.68%，同时也缩短了果实成熟期，维生素 C 含量和总糖含量都有显著提高，酸度降低，果实品质得到改善。H. Yildiz Dasgan 等在抗霜的温室中研究三种坐果方式（熊蜂、机械振动、生长调节剂）对番茄的授粉效果，结果表明：在抗霜的温室中熊蜂是番茄的有效授粉者，其授粉使番茄产量比振动授粉提高90%，比应用生长调节剂提高61%；利用熊蜂授粉的果实重比振动授粉和生长调节剂处理分别提高了41%和9%。从以上研究结果可知，熊蜂授粉能显著增加番茄产量，同时也能降低畸形果率，改善果实品质，提高经济效益。

番茄人工激素授粉见图6-8，激素处理与熊蜂授粉处理的番茄纵切面见图6-9。

图6-8 番茄人工激素授粉（武文卿 摄）

图6-9 激素处理（左）与熊蜂授粉处理（右）的番茄纵切面（邵有全 摄）

（3）甜椒 甜椒的花也是雌雄同体，自花授粉，有花蜜和花粉，其雄蕊暴露，易于授粉，可以通过判断雄蕊上花粉的状态来确定是否授过粉，熊蜂采访过后，其柱头会有花粉粒。国占宝等研究表明：熊蜂和蜜蜂为温室甜椒授粉比对照组授粉效果显著，单果重分别增加30.4%和13.7%，种子数分别增加79.9%和21.6%，心室数分别增加29.6%和11.1%，产量分别增加38.3%和22.6%；熊蜂组比蜜蜂组单果重增加14.6%，种子数增加47.9%，心室数增加16.7%，产量增加12.8%。在营养指标上，熊蜂组和蜜蜂组比对照组纤维素含量分别减少50.0%和40.6%，硝酸盐含量分别降低13.8%和13.1%，铁含量分别增加175.8%和23.7%。这说明熊蜂和蜜蜂授粉能够增加单果重、心室数、果实大小和小区产量，降低纤维素和硝酸盐含量，增加铁含量，促进营养物质吸收和果实生长，改善果实品质。熊蜂授粉能明显增加果实种子数，对甜椒制种生产非常有利。

总之，熊蜂为茄科植物授粉均能提高果实产量，改善果实品质，是其他昆虫无法比拟的。

2. 熊蜂为葫芦科植物授粉

葫芦科在我国约有130个种，且多为人们所喜爱的瓜类蔬菜，如黄瓜、冬瓜、西瓜、甜瓜和苦瓜等。

（1）黄瓜 黄瓜大多属于单性结实，不需要授粉。但有的变种需要授粉，如小黄瓜，需要授粉的变种黄瓜其雄花和雌花生长在同一株上，雄花和雌花都分泌花蜜，但只有雄花产花粉，虽然可以自花授粉，但是杂交授粉对黄瓜品质和产量都有显著的影响。黄瓜是我国的主要蔬菜之一，在温室栽培中占有很大的比重。现在温室栽培的黄瓜品种，大都属于单性结实，所以在常规生产中，不用人工授粉或激素处理。但是，和大田栽培相比，产量并不理想。孙永深等对熊蜂为温室黄瓜授粉（图6-10）的效果进行研究，结果表明：熊蜂授粉比对照组的坐果率增加了33.5%，产量提高了29.4%，果实把柄长度降低了20.2%；而果实大小和含糖量、维生素C含量、硝酸盐含量和亚硝酸含量，两组相比较差异不显著。由此说明黄瓜虽然是单性结实但是利用熊蜂授粉可以促进温室黄瓜坐果，提高产量，降低果实把柄长度，而对果实的营养品质影响不大。

图6-10 熊蜂为黄瓜授粉（邵有全 摄）

（2）冬瓜 冬瓜为雌雄同株异花。温室冬瓜落花落果严重，其原因较多，如授粉、受精不良，植株徒长，花期温度过低、光照不足等，应采取人工授粉、生长激素处理、加强管理等措施防止落花落果，此外，温室冬瓜雌花开放早，昆虫活动较少，雌花不能正常授粉，往往引起化瓜，所以需要用昆虫或人工授粉，提高结瓜率。国占宝等通过对温室冬瓜应用熊蜂授粉、人工蘸花授粉和空白对照比较研究，结果表明：熊蜂授粉的坐果率比人工组和对照组分别提高了53.3%和75.0%；单果重分别增加了34.7%和156.1%；单株产量分别增加了269.7%和1 220.9%；熊蜂组的果形大小、果肉厚度和种子数也有增加和提高；水分和粗纤维的含量相差不大；粗蛋白质和钙、铁相对锌虽有所下降，但绝对含量均有不同程度的提高。

3. 熊蜂为蔷薇科作物授粉

蔷薇科在我国有 52 个属，1 000 余种，遍布全国各地。雄蕊多枚，雌蕊 1 枚或多枚，雄蕊通常着生于杯状或其他形状花托的边沿。

（1）桃　桃在我国温室栽培果树中占的比例最大，也是最早应用熊蜂授粉技术的果树之一，见图 6-11。

2001 年，龚禹峰等人报道，利用熊蜂为大棚油桃授粉，可以促进坐果，提高产量。2003 年，安建东等人开展了温室桃熊蜂授粉试验，结果表明：和传统生产上采用的人工授粉相比，应用熊蜂授粉的温室桃产量提高了 9.14%，畸形果率下降了 24.32%，果实的维生素 C 含量提高了 22.25%，可溶性固形物含量提高了 11.25%，总糖含量提高了 6.89%，可滴定酸含量提高了 25.00%；而且熊蜂授粉的果实大，果肉肥厚。说明熊蜂为日光温室桃授粉，不仅可以提高产量，降低畸形果的比率，而且还能够改善果实品质，提升果品的商品价值。

董捷（2011）应用意蜂和小峰熊蜂在北京平谷区果树试验站为设施桃传粉。结果表明：应用小峰熊蜂授粉，设施桃果实在整个发育过程中的果径增长速度显著高于意蜂授粉的果实（$P < 0.05$）。两种蜂授粉的设施桃果实发育历期不同，小峰熊蜂授粉区的桃果实比意蜂授粉区的果实提前 7 天左右成熟。桃的生理落果高峰在小峰熊蜂授粉区出现 2 次，而在意蜂授粉区出现 3 次。在小峰熊蜂授粉区，距离蜂箱不同距离之间的桃坐果率

基本一致；而在意蜂授粉区，坐果率随着与蜂箱距离的增大而明显降低。小峰熊蜂授粉区桃的平均坐果率略高于意大利蜜蜂授粉区，但二者之间差异不显著（$P > 0.05$）。经两种蜂传粉的设施桃果实营养品质差异不显著（$P > 0.05$），但二者均明显优于人工授粉组（对照）。和意蜂授粉的桃果实相比，经小峰熊蜂传粉后的桃果实单果重高，畸形果率低（$P < 0.05$）。该研究认为，中国本土小峰熊蜂为设施桃的传粉效率优于意大利蜜蜂。

图6-11　熊蜂为桃授粉（邵有全　摄）

（2）杏　凯特杏为我国温室主栽品种，在北京、河北、山东、辽宁等地栽培较多。2005年，童越敏等人利用地熊蜂、西蜂和人工蘸花三种方法为温室凯特杏授粉，结果表明：熊蜂组的杏果实发育期最短，比蜜蜂组缩短了4天，比人工组缩短了5天；在单株产量上，熊蜂组产量最高，比蜜蜂组提高了11.96%，比人工组提高了25.77%；但在维生素C、可溶性糖和总酸等营养指标上，三组之间差异不大。说明，采用熊蜂和蜜蜂授粉都可以缩短温室杏果实的发育历期，但在增加果实产量方面，熊蜂授粉的效果更为显著。

（3）草莓　草莓雌雄同体，自花授粉，有花粉和花蜜。其果实特别复杂，每个个体均有自己的雄蕊，必须分开授粉，其花的成熟是从基部开始一圈一圈地进行的，故昆虫授粉必需维持很长一段时间。杂交授粉比自花授粉更有利于草莓坐果，在正常情况下，利用蜜蜂授粉就可以起到明显的效果，但蜜蜂受低温的影响较大，在低温条件下效果不理想。

20世纪90年代的试验表明：熊蜂在低温、低光照条件下授粉性能优于蜜蜂。李继莲等利用熊蜂和蜜蜂在日光温室中为草莓授粉的比较试验得出：熊蜂授粉比蜜蜂授粉的草莓畸形果率低6.22%；平均单果重增加0.8克；维生素C平均含量提高6.9毫克/100克；可滴定酸平均含量低0.35毫摩/100克，说明熊蜂授粉比蜜蜂授粉使草莓的产量和品质都有很大的提高，熊蜂更适合为日光温室草莓授粉。

（4）樱桃　樱桃雌雄同体，可自花授粉，但异花授粉有利于提高果实品质和降低畸形果率。大棚樱桃设施栽培，利用熊蜂进行授粉，可提早成熟，大大提高其经济效益。孙中朴等利用熊蜂为大棚樱桃授粉取得良好的效果，熊蜂在大棚中的授粉时间要比蜜蜂长3~4小时，趋光性弱，没有群集性，5个主枝坐果率熊蜂比蜜蜂提高0.4%。在产量上熊蜂平均产量显著大于蜜蜂，不同品种的单果重提高7%~8%。熊蜂授粉的大棚，其果实成熟期比蜜蜂授粉的大棚提早5天左右，由于成熟期提前，熊蜂授粉的果实平均价格提高10元/千克以上，从而明显提高经济效益。

综上所述，熊蜂为蔷薇科作物授粉也可显著提高产量和品质，同时也能提高异花授粉率，这对于植物繁衍后代是比较有利的。熊蜂授粉也可以缩短果实采摘期，从而在很大程度上提高经济效益。

5. 熊蜂授粉技术应用管理

熊蜂主要为设施茄子、番茄、西葫芦、甜椒、冬瓜、桃、杏、草莓、樱桃等果蔬类作物授粉。国内设施作物授粉的熊蜂主要来源于科研院所的中试基地和国内外昆虫授粉公司，农户自己饲养熊蜂还未能实现。

（1）蜂群组织　授粉蜂群组织对设施作物授粉效果影响较大，因此，授粉蜂群进入设施前必须进行合理的组织才能高效授粉。首先，应调整蜂群的群势，授粉植物开花前，在温度为29℃左右的饲养室把熊蜂繁育成有40只左右工蜂且拥有大量卵、虫、蛹的授粉蜂群，并转入20℃左右的饲养室继续饲养；其次，熊蜂为人工繁育的反季节授粉蜂种，设施作物授粉前应进行低温处理，即在放入温室前3天，将熊蜂群移入15℃左右的低温区饲养，同时，在巢箱内加盖适量脱脂棉或碎纸屑进行保温，增强蜂群自身防冻能力；第三，进入设施作物授粉前，在蜂箱内加入适量糖水和花粉，并视作物种类适量补糖水和花粉，当授粉作物花蜜多而花粉少时，应多加花粉等蛋白质类饲料，当授粉作物花粉多花蜜少时，应多加些糖水等碳水化合物饲料。熊蜂授粉的效率主要取决于工蜂的出勤率和工蜂数量，因此，授粉熊蜂必须保证具有充足的工蜂，淘汰或合并小群是提高熊蜂授粉效率的重要措施。

（2）蜂群配置

1）时间　熊蜂适应温室环境能力较强，在温室作物开花前1～2天（开花数量大约5%时）放入即可。应在傍晚时将蜂群放入温室，第2天早晨打开巢门。

2）数量　为开花较少的作物授粉，对于500～700米²的普通日光温室，1群熊蜂（工蜂 60 只 / 群）即可满足授粉需要；对于大型连栋温室，按照 1 群熊蜂承担 1 000 米² 的授粉面积配置。为开花较多的果树授粉，对于 500 ～ 700 米² 的普通日光温室，根据树龄大小和开花多少，每个温室配置 2 ～ 3 群的标准授粉群；大型连栋温室，则按一个标准授粉群承担 500 米² 的面积配置。

3）摆放　如果 1 个温室内放置 1 群蜂，蜂箱应放置在温室中部；如果 1 个温室内放置 2 群或 2 群以上熊蜂，则将蜂群均匀置于温室中。为设施瓜果类授粉，蜂箱放在作物垄间的支架上，支架高 30 厘米左右；为设施果树类授粉，常把蜂箱挂在温室后墙上，巢门朝南，蜂箱高度与树冠中心高度基本保持一致。

（3）熊蜂管理

1）饲喂　熊蜂为桃、杏等花期集中且花粉较多的果树授粉时，一般不需要补充饲喂食物；当为草莓等花期较长且花粉较少的作物授粉时，需要饲喂花粉和糖水。饲喂花粉同蜜蜂喂花粉的方法一样，制成花粉饼放入蜂群。饲喂糖水时，通常在蜂箱前面约 1 米的地方放置 1 个碟子，里面放置 50% 的糖水，每隔 2 天更换 1 次。同时，在碟子内放置一些漂浮物或小树枝，供熊蜂取食时攀附，以防止熊蜂被淹死。

2）移箱　利用熊蜂为花期错开的果树授粉时，完成前一批果树授粉任务的熊蜂，可以继续为后一批开花的果树授粉。具体方法：前一温室授粉结束时，在晚上熊蜂回巢后关闭巢门，然后将蜂箱移至新的温室，第二天早晨打开巢门。

3）及时更换蜂群　一群熊蜂的授粉寿命为 45 天左右，为番茄、草莓等长花期作物授粉时，应及时更换蜂群，以保证授粉正常进行。

4）检查蜂群　蜂群活动正常与否，可以通过观察进出巢的熊蜂数量判断。在晴天 9:00 ～ 11:00，如果 20 分内有 8 只以上熊蜂飞回蜂箱或飞出蜂箱，则表明这群熊蜂处于正常的状态。对于不正常的蜂群应及时更换。

（4）温室管理

1）隔离通风口　用宽约 1.5 米的尼龙纱网封住温室通风口，防止温室通风降温时熊蜂飞出温室而冻伤，导致整个蜂群授粉效率下降。

2）控温控湿　授粉期间，根据作物生长要求控制温室内的温度和湿度。果树类花期一般不高于 25℃，以防温度过高造成花朵灼烧，导致花朵败落；但有一些茄果类作物对温度要求较高，必须控制在 30℃或更高时才能促进花芽分化，所以应针对不同的作物生物习性对温湿度进行调整，才能使植物生长达到最佳条件，以促进花的分化、泌蜜和花粉的成熟。

3）作物管理　放入授粉蜂群前，对温室作物病虫害进行一次详细检查，必要时采取适当的防治措施，随后保持良好的通风，去除室内的有害气体。作物栽培采用常规的水肥管理，切勿去雄。为温室果园授粉时，温室地面铺上地膜，保持土壤温度和降低温室内湿度，有利于花粉的萌发和释放。

专题七
蜜蜂授粉技术的应用前景

目前我国拥有蜂群 920 万群，蜂蜜年产量 50 万吨，带动 30 万人就业，养蜂产业年总产值超过 12 亿美元，年出口创汇 1.85 亿美元，是我国农业出口创汇超过 1 亿美元的两大传统产业之一，发展空间巨大。全世界 80% 的显花植物依靠昆虫授粉，蜜蜂授粉能够帮助植物顺利繁育，增加种子数量和活力，从而修复植被，改善生态环境。

一、蜜蜂授粉技术在生态文明建设中不可或缺

　　生态文明是人类为保护和建设美好生态环境而取得的物质成果、精神成果和制度成果的总和，是贯穿于经济建设、政治建设、文化建设、社会建设全过程和各方面的系统工程，反映了一个社会的文明进步状态。根据生态文明的内涵和生态文明建设的范畴，可以很直观地看出养蜂产业及其授粉技术体系是完全符合生态文明建设的目标与要求的，首先养蜂不需占用耕地、不会造成环境污染压力，是极其绿色的生态产业，在改善生态环境、提供生态产品、促进就业增收等方面能发挥重要作用。目前，我国有蜂群920万群，蜂蜜年产量50万吨，带动30万人就业，养蜂产业年总产值达12亿多美元，年出口创汇1.85亿美元，是我国农业出口创汇超过1亿美元的传统产业之一，发展空间巨大。因此，我们必须深刻认识蜂产业及其授粉技术体系在生态文明建设中的重要地位和作用，大力发展蜂产业及其授粉技术体系。全世界80％的显花植物依靠昆虫授粉，而其中85％靠蜜蜂授粉，蜜蜂授粉的显花植物约有17万种。蜜蜂授粉能够帮助植物顺利繁育，增加种子数量和活力，从而修复植被，改善生态环境。受经济发展和自然环境变化的影响，自然界中野生授粉昆虫数量大量减少，蜜蜂作为农作物及开花植物的最佳传媒昆虫，对保护生态环境的重要作用逐渐凸显。

蜂产业是环境生态保持与修复中不可缺少的重要组成部分，其具有广阔的发展前景与巨大的生态价值，是一项高效、环保、绿色、经济的产业。同时，生态环境的保护、治理与修复都与养蜂产业及其授粉技术体系密不可分。一方面蜜粉源植物在封山育林、退耕还林、人工造林、生态补偿林、矿山开采后修复及平原大造林等大型生态恢复工程中，占有很大比重，它们不仅加大了森林覆盖率，提供了丰富的森林经济产品，同时也为养蜂产业发展提供了丰富的蜜粉资源，为山区农民提供大量的工作机会，创造出了可观的经济价值；蜜蜂与自然界植物之间的相互作用，被誉为"农业之翼"，利用蜜蜂的传粉行为，能够保障植物的繁殖和生存、促进植物多样性的形成，同时也能提高农作物的产量和品质，维持自然生态平衡。另一方面在当代大规模发展设施农业，大力提倡绿色、有机食品的大背景下，利用蜜蜂授粉技术可以在农产品的提质增量方面发挥出巨大且明显的作用。由此可见，养蜂产业是一项具有高生态效益、社会效益和经济效益的生态富民产业，对保持生态平衡意义重大。

1. 大力发展蜜蜂授粉技术是城市型现代农业实现的必要条件

为实现农业经济可持续发展、提高农业经济效益、农业现代化和农产品的安全目标，大力发展城市型现代农业成为农业发展必须要走的一步。目前，我国农业正由传统农业占主导位置逐步向城市型现代农业占比增大而转变，由满足市场供应的单一生产功能向满足绿色生产、健康生活、美化生态的多功能需求而转变，大力努力推进蜂产业与蜜蜂授粉技术体系已成为建设高效、优质、低碳现代农业建设的一项重要举措。现代设施农业的建设与应用对促进农业提质增量起了很大的作用，但纵观国内的设施农业生产发展现状，由于大部分生产管理仍沿用依靠大量人工作业的传统技术，使现代设施农业的生产潜能未能得到充分发挥。用蜜蜂授粉可取代人工辅助授粉，大幅度减轻农民授粉劳动强度，还可以减少化学物质的使用从而提高食品安全性，提质增量效果明显。如果现代设施农业生产的农产品结合推广应用蜜蜂授粉技术，则能有效地提高其产品的产量和质量，实现较大幅度的提质增量。随着人们质量意识的逐渐提高，农产品的质量好与坏已成了市场中最关键的竞争力之一，推广蜜蜂授粉技术可促进设施农业中作物的自然坐果和正常成熟，其产品质量得到明显改善，顺应了当前回归自然的消费潮流，能实现优质优价，对提高农产品的市场竞争力、提升产业档次具有不可低估的作用。同时，养蜂生产能为人类提供具有营养保健、独具医药价值的蜂产品，以蜜蜂文化为主题的旅游观光还能为人们提供休闲放松的好去处，实现辅助生产、感受生态、放松休闲、普及文化及食疗保健的多功能融合的产业链条。所以说，大力发展蜜蜂授粉技术既可以收到很好的经济效益和生态效益，又可以促进人与人、人与自然、人与社会的和谐，符合都市型现代农业的发展方向和客观要求。

2. 大力发展蜜蜂授粉产业是促进传统养蜂产业增收的有效途径

近年来，我国加大生态建设步伐，开展了矿山修复、退耕还林、人工造林、平原大造林、湿地公园建设等多项生态修复工程，生态环境得到保护。通过蜜蜂授粉技术的推广，在生态恢复的过程中还能从中得到经济效益，同时增加劳动力的就业问题，实现生态发展与经济得利双赢局面。另一方面现代设施农业在现代农业中所占据的比重也越来越大，设施种植是现代农业进程中的初级阶段，作为现代农业其生产中含有大量高科技成分是不言而喻的。而蜜蜂授粉技术如果能在设施农业中广泛应用，将对农业生产起到不可替代的作用。从相关调查中得知，养蜂发达国家普遍以养蜂授粉为主、蜂产品收益为辅。欧美国家对蜜蜂授粉技术的研究和应用推广工作极其重视，为此专门成立了蜜蜂授粉服务机构，建立了一系列成熟的技术体系与一整套完善的操作措施，将蜜蜂授粉技术广泛应用于谷物、水果、牧草、花卉等各种作物。正是由于蜜蜂授粉技术对植物贡献巨大，蜜蜂已成为欧洲第三大有价值的家养动物。纵观蜜蜂授粉技术在设施农业授粉中的大量应用，足以见证蜂类授粉对于温棚果蔬生产技术措施的重要性。而我们国内养蜂以追花夺蜜为主，养蜂者的主要收入来源于蜂产品。蜜蜂授粉工作处于起步阶段，全国有偿授粉的蜂群比例不到蜂群总数的5%。可喜的是，蜜蜂授粉技术已被国内部分瓜果菜生产者所接受，部分地区在蔬菜制种、大棚草莓、大桃生产等方面已把蜜蜂授粉技术作为常规措施来应用。

在这样的有利条件下，蜜蜂授粉技术的推广的前景十分广阔。一是蜂业产业凭借其独特的集约灵活的生态产业优势，成为农村特别是山区农民致富增收的又一项选择，使农民不用背井离乡，就能得到一份收入，就能获得一份不错的工作，实现"生态受保护、农民得实惠"的就业增收目标；二是虽然养蜂作为农村的传统产业，为留守家乡的人群提供了就业机会，但蜜蜂授粉技术的推广能够更好地促进农村剩余劳动力的就业，带动农村富裕；三是近年来我国各地纷纷开展蜂业乡土专家培养、科技下乡、新型蜂农培养、蜂产品溯源管理技术培训及鼓励合作社走向市场等工作并可预测的是未来会越来越多的人加入其中。这些措施极其有效地增大了蜜蜂授粉技术科技推广力度，大幅提升了蜜蜂授粉技术的发展水平和蜂农的综合素质，有效地拓宽了农民就业渠道，实现了产业提质增效与农民就业增收的"双赢"，进一步促进了农村精神文明建设的发展与进步。

3. 大力发展蜜蜂授粉技术是满足生态产品需求的重要手段

"生态产品"是生态文明建设的重要理念，其内涵包括清新的空气、清洁的水源、宜人的气候和绿色的产品。蜜蜂授粉技术的运用有利于生态产品的全面提升，蜜蜂授粉技术的运用对于促进生物的多样性和改善生态环境有着不可替代的重要作用。采用可以控制、便于管理的蜜蜂为农作物授粉，首先可大幅度减少化肥和农药的使用量，节省人工授粉劳动力，并且使农作物的产量得到不同程度的提高，从而达到节约能源和保护环境的目的；其次采用蜜蜂授粉既可填补虫媒授粉的不足，又可完成生态链，修补残缺的生态环境，实现经济生态价值一举多得。对于现代设施农业而言，设施内农作物栽培由于环境相对比较密闭，与大田种植时间上的差异，外界昆虫等授粉媒介很难进入而影响设施农作物的正常授粉坐果，生产上多采用激素或人工辅助授粉的方式来弥补其造成的授粉不足的问题，不但费工费力工效低，而且激素的使用会存在果品畸形和激素残留污染等问题。以蜜蜂授粉技术取代传统的激素或人工辅助授粉技术既省工省力，又能促进农作物优质高产，更有利于推进农产品的无公害生产和农业生态建设。蜜蜂是人类的好伙伴、好朋友，蜜蜂产品具有纯天然、健康绿色、有机无公害等优势，是大自然馈赠给整个自然界最好的生态产品。随着我国人民的消费方式已由只是解决温饱问题向绿色健康、保健养生方向发展和转型，推动蜜蜂授粉技术将使得农产品质量得到进一步提升，由此可见蜜蜂授粉技术需求空间巨大，市场前景非常广阔。

4. 弘扬蜜蜂精神是繁荣生态文化的有力保障

生态文化是生态文明建设的强大动力，是传承中华民族优秀传统文化与生态智慧的重要载体，是人与自然和谐共存、协调发展的重要基础，也是推动绿色发展、循环发展、低碳发展的重要动力，对建设美丽中国具有重要的指导意义。蜜蜂精神是在其漫长的历史生存和发展中而展现出来的文化符号和精神形象，蜜蜂作为有着多种优秀品质精神为一体的一种群体其所蕴含的勤勤恳恳、踏踏实实的勤劳精神、分工明确、协作高效、文明有序的团队精神；不厌其烦、精益求精的求实精神；以苦为乐、乐于奉献、不计个人得失的奉献精神；洁身自好、时刻保持警惕的自律精神和具有数千年悠久历史的蜜蜂文化是我国生态文明宝库中极其宝贵的精神财富，是中华民族顽强拼搏、坚韧不拔崇高品格的体现，能够砥砺人的品格、提升人的气节。近年来，大批蜜蜂博物馆、蜜蜂文化节、蜜蜂观光园等蜜蜂文化传播媒介脱颖而出，以丰富多彩的形式向市民展现了神奇的蜜蜂文化和坚韧团结的蜜蜂精神，成为新的发展方向和农村居民新的经济收入增长点，成为繁荣生态文化建设的重要载体。

二、蜜蜂授粉技术是绿色农业生产无法分割的有机组成

1. 绿色农业对人类生存的重要性

所谓绿色农业是指充分运用先进科学技术、先进工业装备和先进管理

理念，以促进农产品安全、生态安全、资源安全和提高农业综合经济效益的协调统一为目标，以倡导农产品标准化为手段，推动人类社会和经济全面、协调、可持续发展的农业发展模式。

进行绿色农业生产，是人类获得健康安全的生活所需的重要途径，同时也是社会进步和发展的必然趋势。由于人口剧增、经济发展，使资源受到了破坏，环境受到了污染，这种对自然资源的伤害，到最后都反馈给人类本身。在我国的经济结构中，农业是我国国民经济的基础，农业是支撑整个国民经济不断发展与进步的保证。目前我国的大多数栽培作物的主要传粉者都需要蜜蜂的帮助才能够完成。绿色农业从某种意义上来说，是可持续循环有序的生产模式。实施绿色农业的生产技术有利于防治环境和农产品的污染。因为生态农业的生产过程要求无污染，所以生态农业技术无论是栽培技术、施肥技术，还是病虫害防治技术，收获加工技术等，都不会对环境造成污染，这些条件对于蜜蜂授粉来说同样是非常有利的，有利于农业生产在生态上的可持续性，并能有效地防止化学肥料、化学农药、激素和各种化学除草剂等的污染，并用蜜蜂有效授粉增产等生物措施，获得无污染的绿色、高产、优质的农产品，特别是全面应用和实施蜜蜂授粉技术，对达到高产、有机、绿色提供了很好的保障。

2. 蜜蜂授粉是实现绿色农业的有机组成

对于绿色农业而言，使用蜜蜂授粉技术可以有效地提高农产品产量并改善品质，因它是不产生污染的低碳产业，这也是采取生物技术手段而带来的一种可推广应用的绿色农业新举措，这项技术具有其他措施无法比拟的优势。同时作为保障绿色农业生产的一项举措，它所能产生出的经济效益也是非常可观和突出的。凡是能接受蜜蜂授粉采访的有花植物（含虫媒花植物、风媒花植物，甚至自花授粉植物）均有获益的机会。通过蜜蜂授粉这一举措所呈现出的植物繁茂，生态平衡，可持续发展的绿色农业将会表现出其独特优势，它实现了广泛的不同植株、不同花朵甚至是不同地段间的植物授粉，经过蜜蜂授粉的农产品大部分都表现出优异的特性和优良性状。对于农产品而言有效地提高了其产量，又没有增加污染、给环境带来压力，真正表现出最自然优异的农业状态。但是发展的同时也有需要警惕与关注的问题，人们在发展中长期地追求最高产量和最大效益，总喜欢把精力花在收益最高的品种上，致使许多可能具有优秀生态价值的农作物被淘汰。参考 20 世纪 90 年代世界粮农组织发表《世界观察统计表》表明，已知的 4 000 多种畜禽品种中，约有 1 000 种面临绝种的威胁或逐渐消失。这些物种的逐步减少，是世界在推进工业化进程中对付全球食品紧缺时而采取的遗传工程等技术手段所带来的令人遗憾的副作用。任何一项措施都有利有弊，如何发挥其优势摒弃其劣势值得好好规划。为此许多各相关领域的专家指出，如果适应特定地区环境的物种只因为追求高产或单一经营将会面临绝种的可能，这所带来的后果会非常可怕。所以，我们在追求高产高质量的同时，必须注意保护生物品种多样性。推进实施蜜蜂授粉技术则能够非常有效地避免出现这种副作用。通过蜜蜂授粉保护了生态的多样性，使物种丰富多彩，在生态中各尽其用。

3. 蜜蜂授粉技术对于农业增产提质贡献突出

实践证明，利用蜜蜂授粉可使水稻增产 5%，棉花增产 12%，油菜增产 18%，部分果蔬作物产量成倍增长，同时还能有效提高农产品的品质，并将大幅减少化学坐果激素的使用。这无疑是一项非常有价值的农业增产提质措施，每年我国蜜蜂授粉促进农作物增产产值超过 500 亿元。按蜜蜂为水果、设施蔬菜授粉率提高30%测算，全国新增经济效益可达160多亿元，蜜蜂为农作物授粉增产的潜力很大。这还仅仅是 2010 的数据统计。由此可见，蜜蜂授粉不仅实现了增产提质而且效果明显，并且相对于其他需要大量人工或者其他措施而言使用蜜蜂授粉的成本是相对低廉的。我国有蜜蜂920 万群（2015），全年生产蜂蜜（图 7-1）、蜂王浆（图 7-2）、蜂花粉以及其他蜂产品（图 7-3、图 7-4），年总产值可达 12 亿多美元，但相较于蜜蜂授粉所带来的产值收益，这些只能算是附加成果。估计每年蜜蜂授粉获得的增产价值可能要超过150多亿美元，为蜂产品产值的12.5～13倍。如果有计划地全面推广并有效落实实施蜜蜂授粉技术推广计划，将产生出非常巨大的生态效益。在实施这一举措下的绿色农业，绿色优质农产品获得广泛丰收，生态环境日益完善健康。蜜蜂授粉是绿色农业的一部分，对农产品进行授粉而获得增产提质的效果，这是一项有着非常大优势的"绿色增产措施"，它为建设绿色农业提供了一项强有力的保障。蜜蜂授粉在绿色农业发挥自身特点的同时绿色农业也为勤劳蜜蜂提供了丰富的食物和优良的生存活动环境和空间。因为绿色农业种植要求不用或限量使用指定化学肥料、农药等化学制品，这些都成为能够向蜜蜂提供营养优质、安全无污染的花蜜花粉等美食以及蜜蜂生存所需其他条件的保障。当然绿色农业所营造的环境空间对于蜜蜂来说也是非常优质的。我们平时只注意急性的蜜蜂中毒死亡情况，而对蜜蜂的慢性中毒、影响繁殖乃至陆续衰亡现象往往是忽视的。这是因为生物体对有害物质有"生物富集"作用，把农药由低度污染物富集到危险的高浓度程度，而使机体生理功能失调，衰弱而死亡。实施绿色农业，使生态环境得到完善，有利于蜜蜂的生存和繁衍，安全指数明显增加，蜜蜂农药中毒以及其他化学制剂导致的慢性中毒将会极少发生。以提高品质、增加产量、绿色低碳为结果的绿色农业措施中实施蜜蜂授粉技术而获得效益无疑是非常高的。有人估计：蜜蜂授粉平均增产效益若按 5.4% 计算，在新增 1 000 亿千克粮食中，仅蜜蜂授粉一项可获得 54 亿千克，这意味着新增添 72 万亩良田，减少 67.5 万吨化肥的施用。有效地减少污染风险，这样的结果告诉我们，蜜蜂授粉不仅仅为人类增加了所必须的优质生活物质，还减少了威胁人类生命的不良机会和因子。因此，推广蜜蜂授粉，让人们善待蜜蜂，不仅能获得丰厚的绿色食品，而且会拥有清新自然的绿色环境。

图 7-1　新鲜蜂蜜（李建科　摄）

图 7-2　新鲜蜂王浆（李建科　摄）

图 7-3　蜂胶（李建科　摄）

图 7-4　蜂蜡（李建科　摄）

我国的养蜂规模、蜂产品生产量、对外贸易量均居世界前列。蜂业是一种特色生态产业，不仅可以获得不菲的经济效益，还能产生极高的生态与社会效益，蜂业生产有助于增加农民就业与收入、推动绿色农业建设。随着人们健康意识的增强和消费结构的转变，绿色农业对于蜜蜂授粉需求日益增加，未来蜜蜂授粉技术一定会具有非常广阔的发展空间。

三、紧抓发展机遇开创蜜蜂授粉技术新局面

针对我国当下蜜蜂授粉应用情况的优势和劣势，在以下几个方面提出对策和建议，以期充分发挥蜜蜂授粉优势，利用大好机遇开创蜜蜂授粉发展新局面。

1. 提高蜜蜂授粉的产业化水平

蜜蜂授粉产业化是实现我国蜂产业技术体系发展的重要战略，为提高蜜蜂授粉的产业化水平，近年来国内科研机构已对草莓、梨树、西瓜等进行多次蜜蜂授粉对比试验，结果均证实蜜蜂授粉可以显著提高作物产量及品质，蜜蜂授粉也逐渐受到各方的重视。2010 年，农业部发布了《关于加快蜜蜂授粉技术推广促进养蜂业持续健康发展的意见》，第一次通过官方发文的形式推广蜜蜂授粉，为蜜蜂授粉市场的发展带来新的契机。同时，通过对资料查阅发现，我国蜂农目前授粉收入仅占其总收入的 3%，与国外蜂业发达国家相比差距较大，但也表现出巨大潜力，蜜蜂授粉也必将成为我国蜂产业未来发展的重要方向。2009 年中华人民共和国农业部在全国科研系统中成立了国家现代蜂产业技术体系，集中全国蜂产业的科研力量，

分工协作，攻克蜂产业技术难题，在病虫害防治、蜜蜂育种、蜜蜂授粉、蜂产品质量安全研究等方面均取得丰硕成果，我国蜂产业的科研实力正逐步提高。

小知识

蜜蜂授粉技术推广发展途径

一是加强蜜蜂授粉技术的培训和传播。利用多种现代媒体向政府、蜂农、农作物业主、消费者宣传蜜蜂授粉的经济和生态价值。定期举办多样的蜜蜂授粉培训活动，使蜂农、农作物业主理解并接受蜜蜂授粉的新技术和新知识。蜂农应适时主动挖掘需要蜜蜂授粉服务的农作物业主，并维护与他们的关系。

二是加强针对蜜蜂授粉技术的科学研究和示范。加强对授粉蜂种、授粉技术的系统研究，针对不同地区、不同农作物品种研发与之相适应的配套授粉技术。推进蜜蜂授粉示范基地的建设，使蜜蜂授粉技术以合理的方式有效推广，开拓蜜蜂授粉市场。

三是从政策和管理方式上推动蜜蜂授粉的标准化、组织化。各级政府机关要对蜜蜂授粉加强重视，视其为一种别具特色的农业增产措施，采取奖补举措鼓励农户使用蜜蜂授粉技术，对蜂业实行税收减免，在授粉蜜源开花期间坚决防止农户喷洒农药。加大蜜蜂授粉社会化服务的力度和广度，设立专门的授粉中介机构，实时发布技术培训信息、市场供需信息、相关政策制度等。

2. 用科学技术手段创新和改进蜜蜂授粉技术

科技是保障蜜蜂授粉技术发展的第一原动力，应建立起蜜蜂养殖生产企业、蜂产品企业、现代农产品市场、科研院所协同作用的自主创新推广体系，提高蜂业生产的技术水平以及成果的研发、应用、转化能力。在蜜蜂良种选育、蜜蜂养殖、蜜蜂授粉、蜂具开发、蜜蜂保护，以及蜂药、蜂产品的市场开拓、蜂业标准制订、蜂产品质量检测、蜂业经营管理等方面加大科研投入，积极与其他国家进行交流和探索。加大对蜂业合作社、基地、蜂产品企业、蜂场的管理力度，加强对生产劳动人员的技术培训，使其在掌握技术的同时了解国际蜂业动态和国内相关政策法规，重点培养一批蜂业科技人才，提升蜂业人才队伍的素质。

目前我国蜂产业机械化程度正逐渐提高，新型摇蜜机（图7-5）、取浆机、放蜂车（图7-6）等生产设备已被部分蜂农采用，提高了生产率。如山东五征集团等大型汽车企业，已研究开发了养蜂专用车，并已在全国接到不少订单，不少大转地蜂农将驾驶这种养蜂专用车，可多采蜜源，提高养蜂效率，同时车上配有太阳能设备，可装电视及热水器，将改善蜂农转地期间的生活环境，也有利于吸引年轻人加入养蜂业。

我国已陆续涌现出一批蜂产品龙头企业，不断带动当地蜂产业的发展，提高蜂产品质量，按照积极发展、逐步规范、强化发展、提升素质的总体要求，积极开展示范工作，改善经营条件，扩大规模，切实加强自身组织管理，加强品牌建设，为广大蜂农多服务，服好务，创造可观的经济效益和社会效益，从而使这些龙头企业的引领带动能力和市场竞争能力进一步提高，增强我国蜂产品市场的良性竞争，同时也有助于提高我国蜂产品的国际竞争力。

图 7-5　电动摇蜜机（李建科　摄）

图 7-6　新型专用放蜂车（邵有全　摄）

3. 加强组织领导，促进蜜蜂授粉产业发展环境的新优化

加强对蜂业的政策帮扶，同时各级政府、管理机构要重视蜂业发展，以合理的政策导向指导蜜蜂产业，创造适于蜂业永续发展的良好环境。完善蜂业管理体系，健全工作机制，引进专业管理人才和高科技人才，确保蜂业有专门的管理机构和人员。蜂产业品种繁多、产业链条长、涉及面广，必须充分发挥政府宏观调控和市场调节作用，才能确保蜂产业又好又快发展。2011 年农业部颁布了《养蜂管理办法（试行）》，第三条、第四条中

指出"农业部负责全国养蜂管理工作。县级以上地方人民政府养蜂主管部门负责本行政区域的养蜂管理工作。各级养蜂主管部门应当采取措施，支持发展养蜂，推动养蜂业的规模化、机械化、标准化、集约化，推广普及蜜蜂授粉技术，发挥养蜂业在促进农业增产提质、保护生态和增加农民收入中的作用。"这就要求我们各级政府要重视蜂产业发展，加大对蜂产业的扶持与保护力度，强化产业发展的指导和管理，营造蜂产业发展的良好外部环境，形成加快蜂产业发展的强大推动力。

促进蜜蜂授粉产业发展的组织措施

一是要加强对蜂产业的重视、指导和管理，完善管理机构，健全工作机制，引进管理和技术人才，确保蜂产业有机构抓、有专人管。

二是要加大扶持力度，在财务、财政、企业、组织、劳动保障等方面对蜂业进行扶持，对养蜂专业户、新增养蜂户开展相关认证，蜂农专业合作组织以及蜂业龙头企业给予专项扶持政策。

三是要加强蜂产业制度体系建设，积极开展行业规划编制、行业标准宣传贯彻、行业政策法规研究、技术信息服务等工作，并积极抓好落实，促进蜂产业可持续发展。完善蜂产业制度体系，编制行业规划，健全蜂业标准体系，加大对行业标准的宣传和执行力度，制定和完善蜂业相关的政策规章，健全蜂业市场信息系统。标准化管理蜜蜂授粉市场，加强对整个蜂产品产业链质量的监管力度，推广蜂产品质量安全溯源管理技术，充分发挥中国蜂产品协会、中国养蜂学会的监督协调作用，确保蜂产品质量绝对安全。

4. 建立蜂业保障体系，增强蜂业抗风险能力

农业政策性保险是帮助农民应对极端自然灾害的一种风险处理机制，是促进经济、社会保障，造福农民的重要手段之一。2006 年《国务院关于保险业改革发展的若干意见》指出："要探索建立适合我国国情的农业保险发展模式，将农业保险作为支农方式的创新，纳入农业支持保护体系。"蜂产业本身就有着受自然条件影响较大和抵御自然灾害能力较弱等特点，一旦出现险情，不仅蜂农损失惨重，政府也要投入大量的资金给予支持，这也给政府造成了很大的压力。因此，建立蜂业保障体系，推行蜂业保险是很有必要的。政府有关部门可参考其他农业保险实施情况，按照"政府引导、政策扶持、自主自愿、协会推进"的原则，进一步健全蜂业抗风险机制，有效推动蜂业政策性保险体系建设，增加蜂农抵御自然灾害的能力，实现蜂农养蜂增收致富。政府可给予蜂业保险一定的政策倾斜，使蜂业保险能够持续发挥本应起到的作用。同时实施蜂业保险可与蜂业专业合作社以及蜂业龙头企业相结合，充分发挥其在组织宣传、发动联合等方面的优势作用，以集体形式参加保险，提振养蜂信心，提高蜂业发展效率，激发蜂农养蜂积极性，切实保护蜂农的利益，进而切实保障蜜蜂授粉发挥其应有的显著效果。

总而言之，对于蜜蜂授粉技术而言，一方面需要各方面给予大力推广与细心呵护，另一方面对该项技术体系的发展也要有足够的信心。蜜蜂授粉产业是朝阳产业，是中国经济新的增长点之一，其活力与动力一旦被激发而释放出的巨大能量对生态文明建设、绿色农业生产都会产生不可估量的作用。

■ 主要参考文献

[1] 安建东, 陈文锋. 全球农作物蜜蜂授粉概况[J]. 中国农学通报, 2013, 27(01): 374-382.

[2] 安建东, 彭文君, 梁诗魁, 等. 熊蜂(Bombus spp.)的授粉特性及其人工饲养[J]. 2001, 52(3): 25-27.

[3] 陈玛琳, 赵芝俊, 席桂萍. 中国蜂产业发展现状及前景分析[J]. 浙江农业学报, 2014, 26(3): 825-829.

[4] 陈盛禄. 中国蜜蜂学[M]. 北京: 中国农业出版社, 2001.

[5] 郭成俊, 申晋山, 武文卿, 等. 不同诱导剂处理梨树对蜜蜂访花行为的影响[J]. 山西农业科学, 2016, 44(6): 829-832.

[6] 郭媛, 张旭凤, 邵有全, 等. 蜂群入场时间对蜜蜂采集梨花粉习性的影响[J]. 农学学报, 2015, 5(8): 105-110.

[7] 黄家兴, 安建东. 设施作物熊蜂授粉关键技术及其应用前景[J]. 动物科学, 2010, 12: 298-299.

[8] 刘晨曦, 秦玉川, 陈红印, 等. 苜蓿切叶蜂在我国的研究与应用现状[J]. 昆虫知识, 2004, 41(6): 519-522.

[9] 李位三. 农业绿色革命与蜜蜂授粉工程[J]. 蜜蜂杂志, 2013, 1: 27-30.

[10] 梁崇波. 抓生态文明建设促蜂业可持续发展——蜂产业在生态文明建设中的优势分析[J]. 中国蜂业, 2013, 12(64): 44-48.

[11] 逯彦果, 张世文, 田自珍, 等. 蜜蜂授粉对豆科牧草种子生产的影响研究[J]. 中国蜂业, 2013, 64: 32-34.

[12] 马卫华, 申晋山, 武文卿, 等. 不同处理方式对蜜蜂采集大豆花粉的影响[J]. 中国农学通报, 2016, 32(2): 9-14.

[13] 钦俊德, 王琛柱. 论昆虫与植物的相互作用和进化的关系[J]. 昆虫学报, 2001, 44(3): 360-365.

[14] 孙翠清, 赵芝俊. 中国农业对蜜蜂授粉的依赖形势分析——基于依赖蜜蜂授粉作物的种植情况[J]. 中国农学通报, 2016, 32(8): 13-21.

［15］申晋山，武文卿，马卫华，等．蜜蜂授粉与喷施赤霉素对枣树坐果及品质的影响［J］．山西农业科学，2012，40（12）：1308-1310．

［16］吴杰，郭军，黄家兴．蜜蜂授粉产业的发展现状［J］．中国蜂业，2014，65：51-55．

［17］吴杰，邵有全．奇妙高效的农作物增产技术——蜜蜂授粉［M］．北京：中国农业出版社，2011．

［18］武文卿，申晋山，马卫华，等．授粉方式与蜂群群势对杂交大豆授粉效果的影响［J］．中国农学通报，2016，32（5）：5-9．

［19］武文卿，申晋山，马卫华，等．枣树访花昆虫多样性及药剂的影响［J］．环境昆虫学报，2016，38（2）：354-360．

［20］徐希莲，陈强，王凤贺，等．苜蓿切叶蜂的授粉应用与发展前景［J］．北方园艺，2010（7）：201-203．

［21］张红，赵中华，王俊侠，等．蜂箱的摆放方位对设施草莓蜜蜂授粉的影响［J］．中国蜂业，2015，65：14-16．

［22］张旭凤，颜志立，邵有全．赣湘鄂三省荷花授粉现状调查报告［J］．中国农学通报，2013，29（16）：186-191．

［23］张云毅，马卫华，武文卿，等．蜜蜂授粉对苹果花粉管生长及果实性状的影响［J］．山西农业科学，2015，43（7）：814-817．